CG細密イラスト版

地形・地質で読み解く

日本列島5億年史

監修
高木秀雄
（早稲田大学 教授）

宝島社新書

はじめに

4つの大きな島から成る日本列島は、かつてユーラシア大陸の東縁の一部でした。

5億年前からのプレート運動によって形成され始めた日本列島は、約2500万年前に大陸から分離し始めて、現在の姿になったのは2万年前のことです。

その壮大な列島形成の痕跡は、いまも各地の地層や岩体に刻まれています。

本書では、日本列島を「北海道」「東北」「関東・中部」「近畿・中国・四国」「九州・沖縄」の5つの地域に分けて、それぞれを代表する27ヶ所の地形・地質スポットを取り上げます。いずれも日本列島の形成史を語る上で重要な場所です。

例えば、宮城県北部にある岩井崎の海岸で見ることができる白っぽい尖《とが》った岩は、赤道域に起源を持つ古生代の石灰岩です。なぜ東北地方の海岸に、何億年も前の暖かい海域でできたサンゴ礁由来の石灰岩があるのでしょうか。この謎には、日本列島の成り立ちをひも解く上で重要なヒントが隠されているのです。

地形・地層・地質から、列島形成5億年のダイナミズムと悠久の記憶に迫ります。

誕生するまで

4ステップで見る列島形成史

かつてユーラシア大陸の東縁の一部だった日本列島。
2500万年前に大陸から分離して日本海が誕生し、
プレート運動により現在のかたちになるまでの列島形成史を、
地質研究における4大事件から解説します。

~2500万年前

STEP 01

付加体の形成

この頃の日本列島はまだ、
大陸プレートの下に沈み込む海洋プレートから
削り取られた堆積物（付《ふ》加《か》体《たい》）でした。
この付加体が太平洋の方向に向かって
成長していた時期です。

日本列島が

付加体ができる仕組み

海洋プレートが大陸プレートの下に沈み込む際に、海洋プレートの上の堆積物が、大陸プレートに剥ぎ取られ、大陸に付加される地質体が「付加体」。

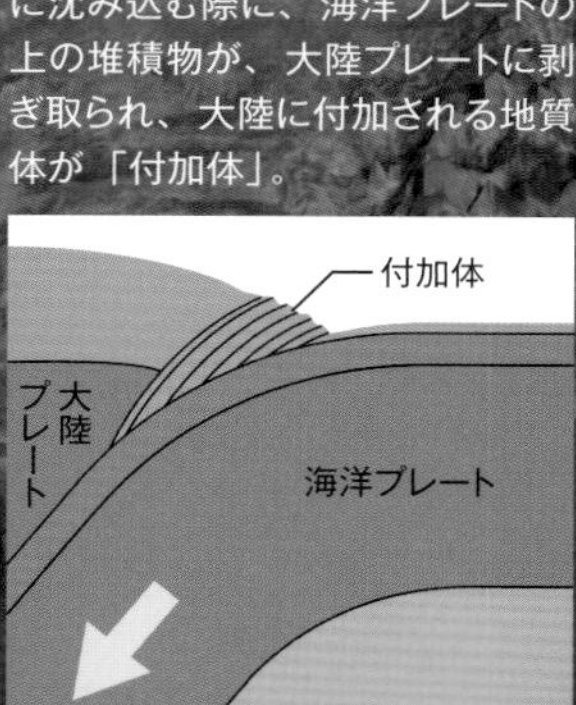

2500万年前～1500万年前

日本海の拡大

STEP 02

ユーラシア大陸の端に亀裂が走り、そこに海水が流れ込んで、日本海が誕生し、徐々に拡大してきました。いよいよ、後の日本列島を思わせる島々の姿が見え始めます。

東北日本

1500万年前のプレート境界

青い矢印のように、西南日本が時計回りに、東北日本が反時計回りに回転しながら日本海が拡大した。

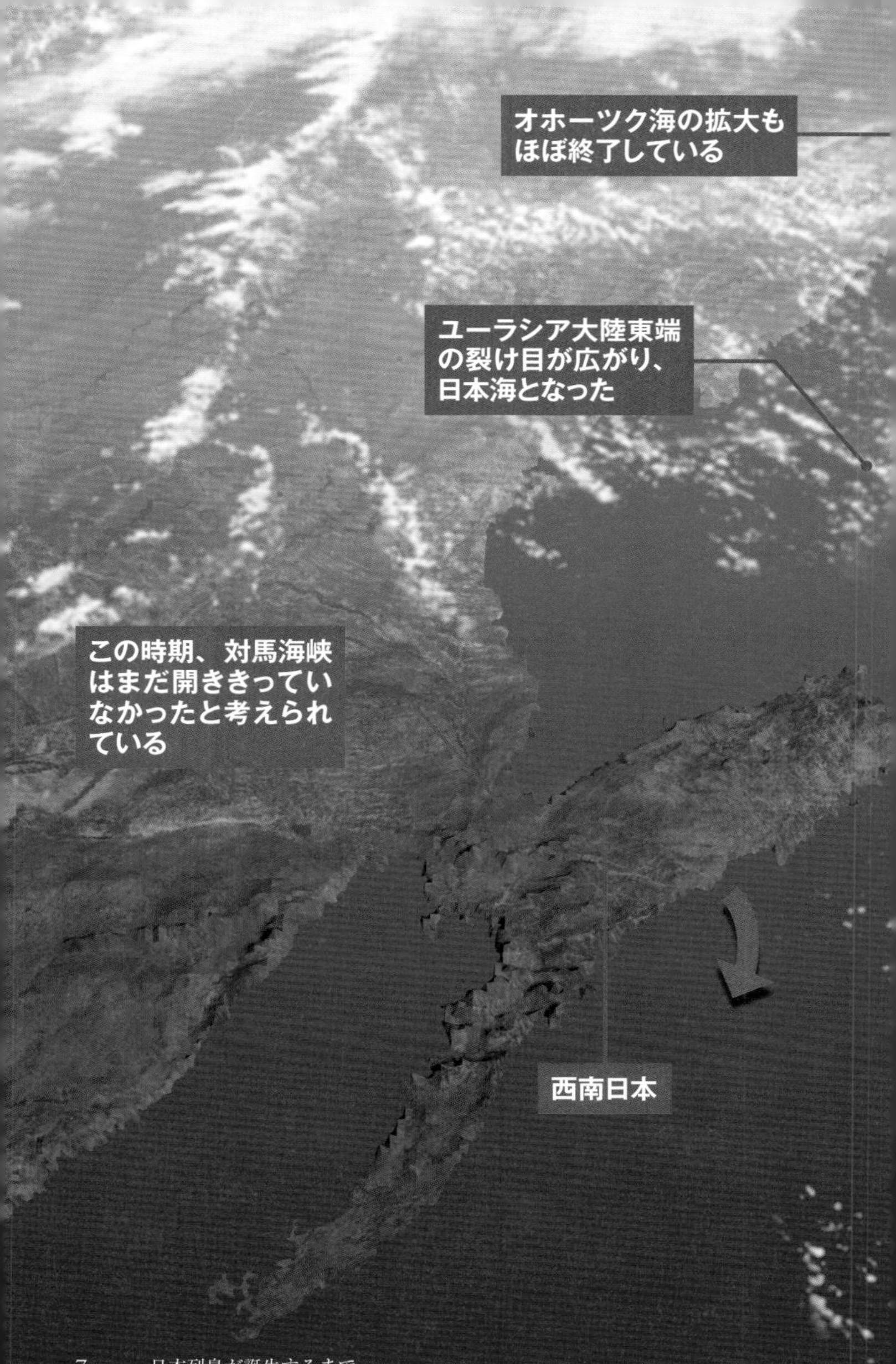
オホーツク海の拡大も
ほぼ終了している
ユーラシア大陸東端
の裂け目が広がり、
日本海となった
この時期、対馬海峡
はまだ開ききってい
なかったと考えられ
ている
西南日本

1500万年前〜100万年前

伊豆弧の衝突

STEP 03

太平洋側から北上してきた伊豆弧が本州に衝突。
その結果、日本列島の帯状構造がハの字に折れ曲がりました。
その後、富士山などが成長し、関東平野が形成されました。

本州に衝突する伊豆諸島

太平洋プレートとフィリピン海プレートの境目である、伊豆・小笠原海溝の西側に延びる火山フロント（最も海溝寄りに位置する火山列）が伊豆弧。

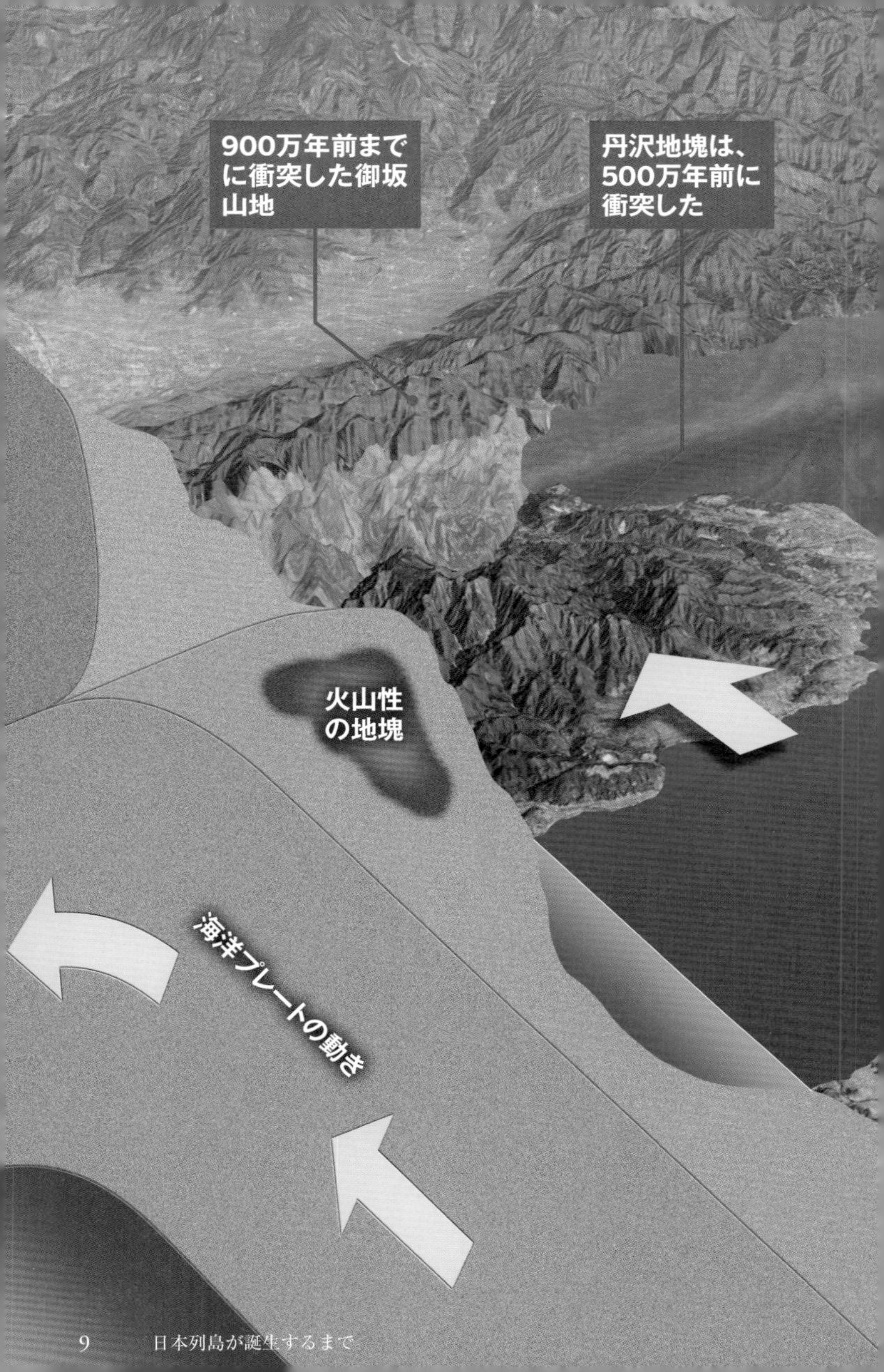
900万年前までに衝突した御坂山地
丹沢地塊は、500万年前に衝突した
火山性の地塊
海洋プレートの動き

複雑に作用し合う4つのプレート

太平洋プレートが西方向に沈み込むとともに、フィリピン海プレートが北西へと進路転換した。これがユーラシアプレートと北米プレートを圧縮したのである。日本列島付近では4つのプレートが複雑に作用し合っている。

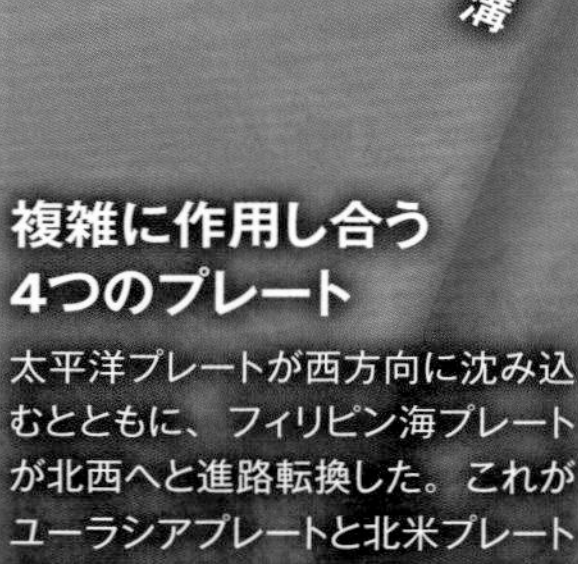

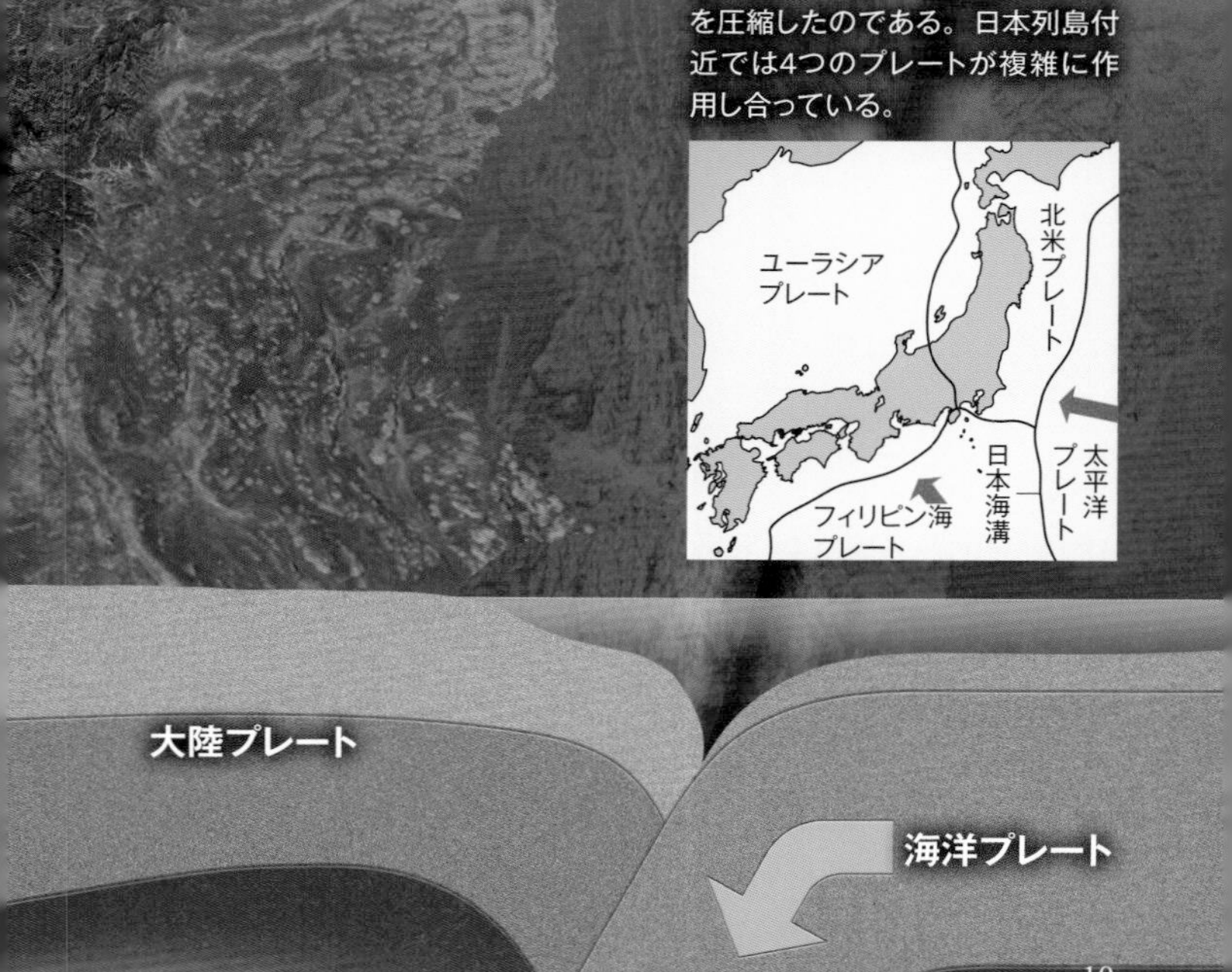

300万年前〜現在

東西圧縮

STEP 04

300万年前頃から太平洋プレートとフィリピン海プレートが、日本列島に西向きの力を加え始めます。すると、日本列島の中心部にあった岩盤が褶曲《しゅうきょく》したり、持ち上げられたりすることで隆起し始めました。山国日本の完成です。

4ステップで見る列島形成史

STEP 01 ～2500万年前

付加体の形成（4～5ページ）

数千万年前、日本列島は現在の位置にはありませんでした。

いま日本列島がある位置には、陸地もありませんでした。日本を形成する島々は、かつてはユーラシア大陸の東端にあったのです。国内で発見された最も古い地層《ちそう》は5億年前（古生代カンブリア紀）に遡《さかのぼ》り、茨城県日立市にある変成古生層《へんせいこせいそう》などで見られます。これは、日本列島が大陸の一部だった頃に形成されたものです。

日本列島は、「付加体《ふかたい》」と呼ばれる地質構造によって特徴づけられます。これは、日本列島が大陸の東端にあった頃に形成され始めたもので、海洋プレートが大陸プレートの下に沈み込む海溝において、海底に堆積していた地層が陸側プレートの縁に剥《は》ぎ取られることで溜《た》まった地質体を指します。現在の日本列島の地体構造の約7割が、この付加体とその上に積み上がった堆積岩から成ります。

日本列島に残る最も古い付加体は約5億年前のもので、付加体ではない南部北上帯《なんぶきたかみ》の堆積岩類の基盤をなすと考えられている、松ヶ平—母体変成帯《もたいへんせいたい》で見られます。また、3億年前頃（ペルム紀）の付加体としては、秋吉台の石灰岩などが有名です。他にも丹波《たんば》—美濃《みの》—足尾帯（内帯）および秩父帯（外帯）—北部北上帯は2億～1億4000年前（ジュラ紀）に、四万十帯《しまんとたい》の北帯は1億4500万年前～6600万年前（白亜紀）に、同じく四万十帯の南帯は6600万年前～2303万年前（古第三紀）に形成された付加体です。

このようにして大陸の東の縁辺部にあった日本列島には、いくつもの時代の付加体が集積し、海に向かって成長していったのでした。

STEP 02 日本海の拡大 （6～7ページ）

2500万年前～1500万年前

約3000万年前、ユーラシア大陸の東端に亀裂が入りました。それが広がり、海水が流れ込み始めたのが約2500万年前と考えられています。日本海の誕生です。

大陸から引き剥がされた付加体群は当初、東北日本と西南日本の2つに分かれていました。岩石の中に残留する過去の地球磁場（古地磁気《こちじき》）の方向から、東北日本は反時計回りに、西南日本は時計回りに回転したことがわかっています。

つまり、日本列島が折れ曲がっている関東のあたりのところをつまみ、南東へと引っ張るような力によって、日本海が開いたのです。

では、どういうメカニズムでそういう力が生まれたのでしょうか。実はこの点は、いまだにはっきりと解明されていません。現在のところ有力な説が、「ロールバック（後ずさり）」と呼ばれる現象です。

海側のプレートが自らの重さでグッと沈み込むことで、上層部分にすき間が生まれます。そこを埋めるようにして、大陸側のプレートが海に向かって延びます。その時、陸地に亀裂が入り、それが拡大して日本海になったという説です。

なお、1500万年前以降の火山岩の古地磁気を見ると、おおむね現在と同じ北の方位を示しています。つまりそのくらいの時期に、日本海の形成も終了したと考えられているのです。

STEP 03　1500万年前〜100万年前
伊豆弧の衝突（8〜9ページ）

かつては、本州全体がユーラシアプレートの上にありました。それに対して南東の方角から、フィリピン海プレート上の海底火山や火山島の列、伊豆弧《こ》が次々に衝突し始めました。この出来事は、日本海の形成が終了する1500万年前頃から始まりました。

1300万年前までには巨摩《こま》山地の櫛形山《くしがたやま》となる地塊《ちかい》がぶつかり、900万年前には御坂《みさか》山地、500万年前には丹沢《たんざわ》山地となる地塊が次々に衝突。やがて100万年前には伊豆が衝突し半島をかたち作りました。伊豆弧の衝突はいまもなお続いています。

この結果として、伊豆半島の北側を取り囲む位置にある地体構造は、丹沢が衝突する前までにハの字に折れ曲がり、フィリピン海プレートとユーラシア─北米プレートの境界は、日本列島の内陸部深くに押し込まれました。伊豆半島の東西にある相模湾と駿河湾が深いのはこのためです。なお、丹沢山地で見つかるサンゴの化石は、かつてこの地が熱帯の火山島であったことを示しています。

伊豆弧の衝突の後、富士山を含む南部フォッサマグナの山々が成長しました。また、「関東造盆地《ぞうぼんち》運動」によって沈降していた場所には、衝突によって流れ出した土砂などが流れ込み、関東平野が形成されていきました。このような変化と、北部フォッサマグナ地域の火山活動などに伴い、東北日本と西南日本が〝地続き〟になったのです。

STEP 04 300万年前～現在

東西圧縮 (10～11ページ)

300万年前頃、北に向かって移動していたフィリピン海プレートが、北西へと進路を変えました。それに伴い、当時西に向かって移動していた太平洋プレートが沈み込む場所である日本海溝も西へと動き、東日本を圧縮し始めたと考えられています。

また、海洋プレートの表面には海山《かいざん》などの海底地形によって凹凸がありますが、それが大陸プレートの下に沈み込む際に摩擦を生じ、列島全体に東西方向の力を加え始めました。

この「東西圧縮」によって、東北日本の陸地が急速に隆起し始め、東北地方西部の山脈や、中部地方の日本アルプスなどが形成されたのです（10ページのイラストの断面図は、日本アルプスを東西に横断するラインを示します）。

東北日本では火山帯周辺の若い地層がその圧縮力によって折れ曲がり「褶曲《しゅうきょく》」を作る一方で、中部日本では硬くて古い岩盤に「逆断層」が発生し、逆断層に囲まれた部分が隆起しました。これが中央アルプスや南アルプスです。逆断層とは、地殻が両側から押されて上盤側が隆起する断層の一種です。

この東西圧縮は現在も続いており、特に南アルプスは年間3ミリ以上と非常に速い速度で隆起を続けています。

こうして日本列島は山国へと変貌を遂げ、2万年ほど前にはほぼ現在の姿が完成したと考えられています。

第四紀

富士山の誕生
（10万年前〜）

P.212

薩摩硫黄島の
鬼界アカホヤ噴火

P.38

有珠火山の
凸凹地形

P.204

阿蘇火山の
大噴火とカルデラ

P.128

富士山の
地質と火山洞窟

P.194

鳥取砂丘の
2層構造

P.74

磐梯山と鳥海山の
流れ山

Column
P.119

千葉県市原市の
チバニアン

P.188
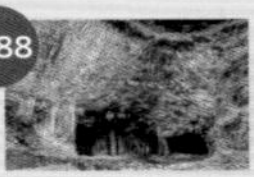
兵庫県豊岡市の
玄武洞と地磁気逆転

P.230

南西諸島の
琉球石灰岩

P.120

本州中央部の
日本アルプス

日本アルプスの
形成と東西圧縮
（300万年前〜）

日本海の拡大
（〜1500万年前）

新第三紀

伊豆弧の衝突開始
（1500万年前〜）

P.220

宮崎県の
鬼の洗濯板

P.30

北海道・アポイ岳の
千島弧の衝突

P.170

屋島と石鎚山の
瀬戸内火山岩類

P.224

屋久島の
花崗岩と巨岩

P.56

青森県・仏ヶ浦の
グリーンタフ

P.180

紀伊半島の
熊野カルデラ

Column
P.169

山口県萩市の
須佐ホルンフェルス

白亜紀後期〜古第三紀

P.84

群馬県下仁田町の
ナップ構造

P.106

長野県大鹿村の
安康露頭

P.164

和歌山県南西部の
フェニックスの褶曲

ユーラシア大陸
東縁の一部が分離開始
（2500万年前〜）

日本列島5億年の地質年代表

現在！

代	紀		地質年代 単位:100万年前	地質イベントとテーマ
新生代	第四紀		2.58	
新生代	新第三紀		23	
新生代	古第三紀		66	K-Pg境界 恐竜の絶滅
中生代	白亜紀	後期	101	
中生代	白亜紀	前期	145	
中生代	ジュラ紀		201	T-J境界 大量絶滅
中生代	三畳紀		252	P-T境界 大量絶滅
古生代	ペルム紀		299	
古生代	石炭紀	後期	323	
古生代	石炭紀	前期	359	F-F境界 大量絶滅
古生代	デボン紀		419	生物の上陸
古生代	シルル紀		444	O-S境界 大量絶滅
古生代	オルドビス紀		485	
古生代	カンブリア紀		541	生物の爆発的進化
原生代				

1億年前！ 2億年前！ 3億年前！ 4億年前！ 5億年前！

P.156

高知県土佐市の横浪メランジュ

P.46

北海道・蝦夷層群の巨大アンモナイト

P.112
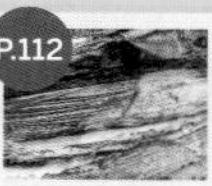
千葉県・犬吠埼の斜交層理

P.98

埼玉県・長瀞の三波川変成岩

P.70

宮城県・牡鹿半島の褶曲構造とスレート

P.92
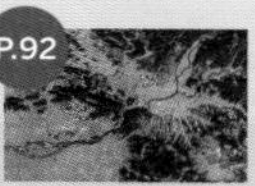
岐阜県・濃尾平野の層状チャートの褶曲

P.142

山口県・秋吉台のカルスト地形

P.62

宮城県・岩井崎の古生代の石灰岩

P.150

四国中央部の黒瀬川帯

P.136 Column

日本最古の地層、化石、岩石、鉱物

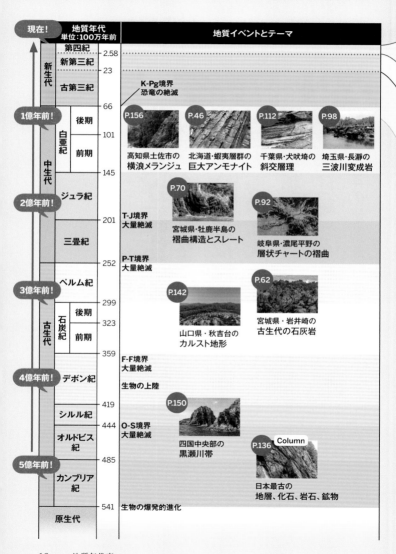

目次

03

関東・中部

Point ❶
地質が縦縞になっている!
p.28

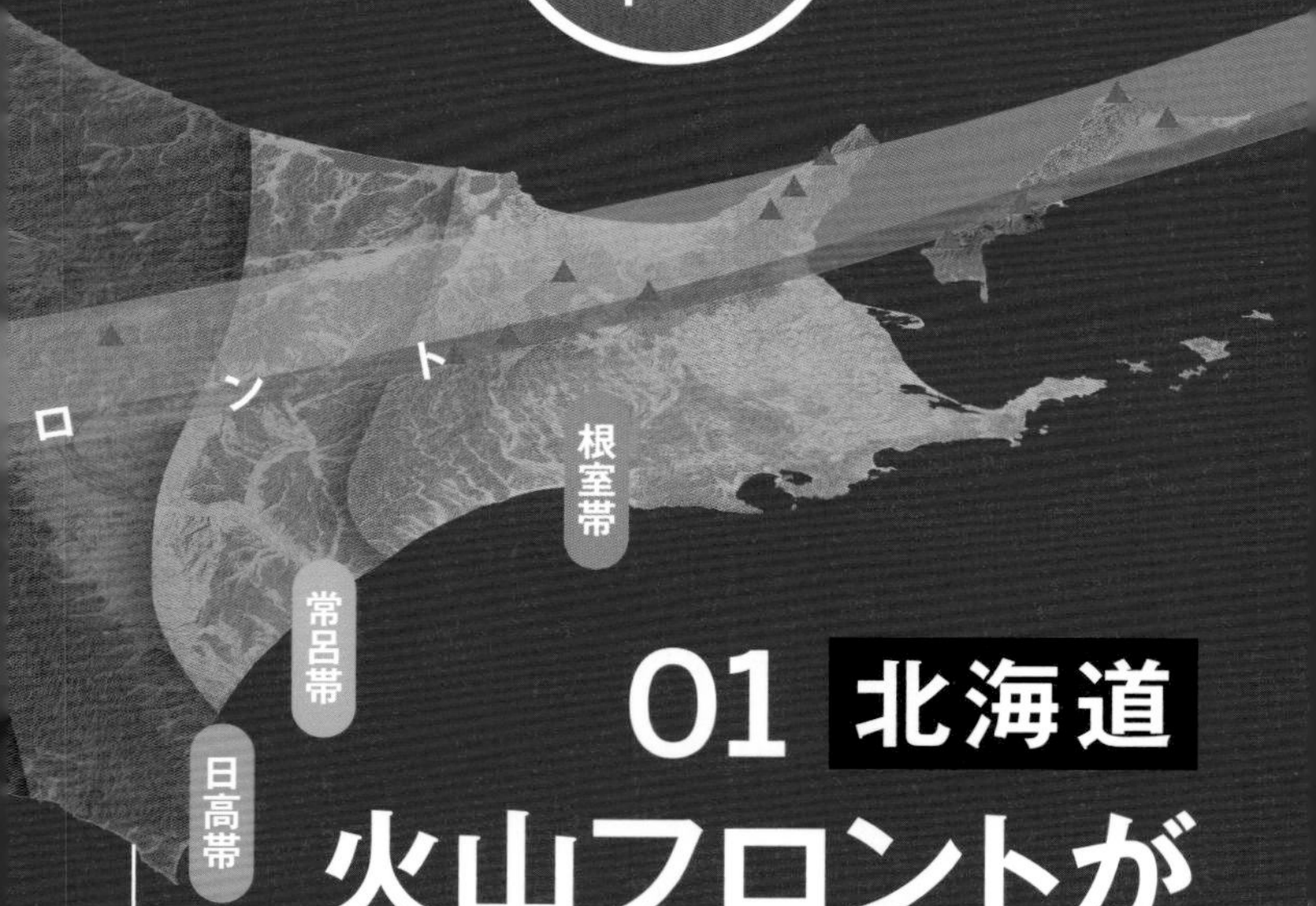

01 北海道

火山フロントが横断する5つの地質帯から成る

北海道の土台を作る縞模様の地体構造に対して、有珠山あたりで屈曲した火山フロントが横切ります。地体構造、付加体、前弧海盆堆積物、そして火山から、北海道の形成史をひも解きます。

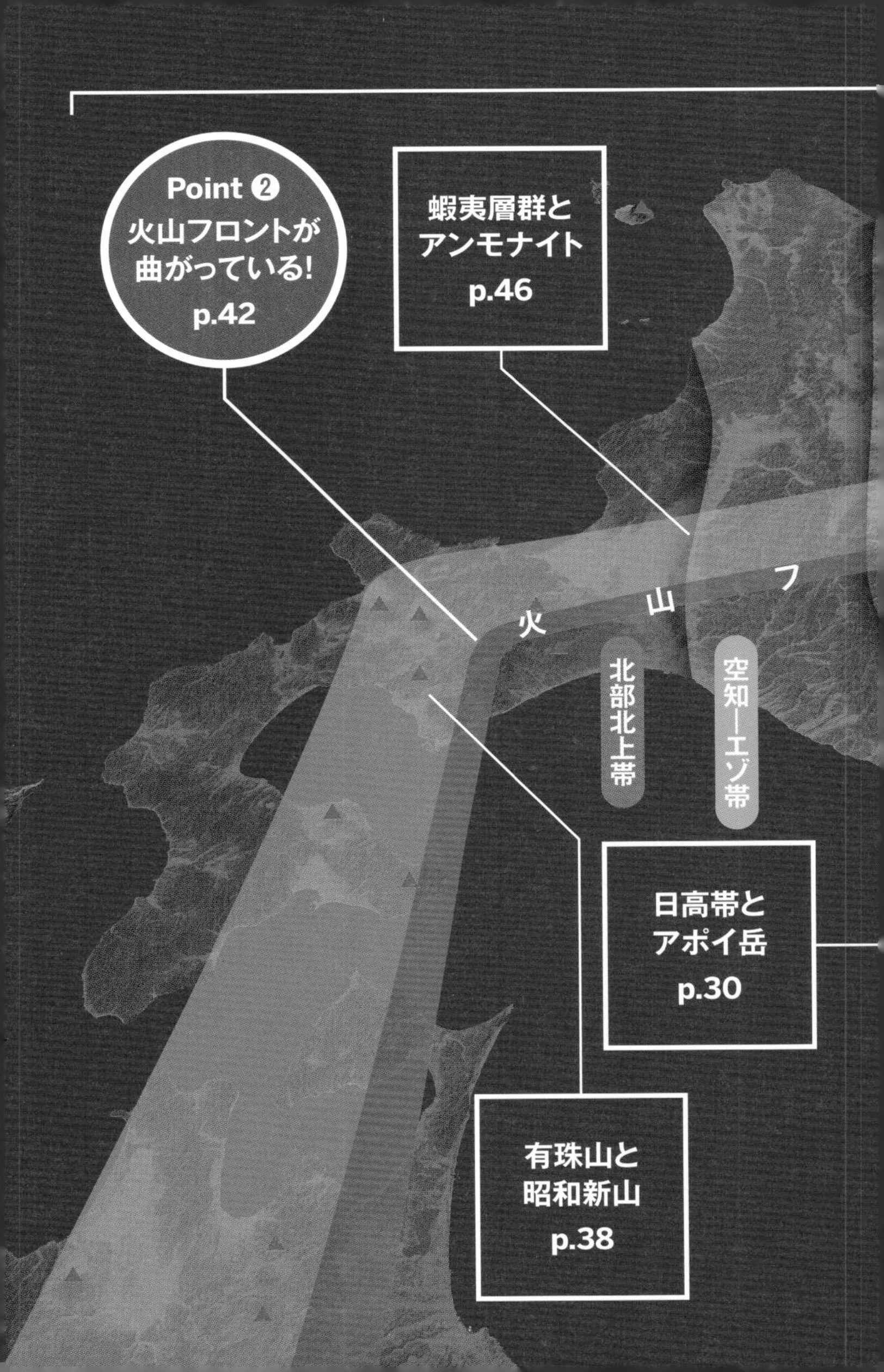
Point ❷
火山フロントが
曲がっている!
p.42
蝦夷層群と
アンモナイト
p.46
火
山
フ
北部北上帯
空知ーエゾ帯
日高帯と
アポイ岳
p.30
有珠山と
昭和新山
p.38

目の前に現れる地下深部のマントル物質

北海道を含めて日本列島の土台の基本は、もともと大陸だった部分と、海から運ばれて大陸に付加された地層「付加体《ふかたい》」、そして付加体の上に乗っている「前弧海盆堆《ぜんこかいぼんたい》積物《せきぶつ》」のような浅海《せんかい》の堆積物から成ります。北海道は、5つの地体構造から成り、その形成史のハイライトは、アルプス・ヒマラヤ造山運動と同じ時期、新生代の4000万年前以降に起こった日高帯の形成です。

驚くべきことに、日高山脈を構成する日高帯は、東北日本から島々が弧を描いて連なる本州弧と、千島列島から北海道中央にかけて連なる千島弧の衝突によって、下部地殻と、さらに下にあるマントル物質が地上に持ち上がってできました。

日高山脈の南端に位置するアポイ岳では、人類未踏の地下深部マントルの物質であるかんらん岩を間近で見ることができます。このかんらん岩は、変質が少なく〝フレッシュ〟なことから、学術的にも貴重とされ、世界中の研究者が訪れるほどです。

日高帯の西隣に、北海道の中軸をなす空知《そらち》―エゾ帯があります。同帯に属する白亜紀の蝦夷《えぞ》層群は、アンモナイトが産出することで知られますが、なぜ内陸の地層でアンモナイトが産出するのでしょうか。長年の研究により、蝦夷層群は、大陸とイドンナップ帯と呼ばれる付加体の間にある、やや浅い海底に堆積した前弧海盆堆積物であることがわかりました。恐竜が生きていた中生代の白亜紀のことですから、日高帯の形成より時代は随分と古いことになります。

活動的な火山がたくさん

さらに、北海道の地質・地形を理解する上で欠かせないのが火山です。知床《しれとこ》、国後《くなしり》、択捉《えとろふ》から大雪山《だいせつざん》まで連なる千島弧の火山フロントが、地体構造を横切るように存在しています。一方、南方にある本州弧の火山フロントは、北海道南端の渡島《おしま》半島から洞《とう》爺湖《やこ》、有珠山《うすざん》あたりまで連なっています。火山フロントの位置は、海側の海溝の位置によって決められているのです。

2つの島弧の衝突帯にある大雪山、2つの火山フロントの屈曲点にある洞爺湖や有珠山などの多くの火山は、古い時代と新しい時代の地質現象の重なりを示しています。

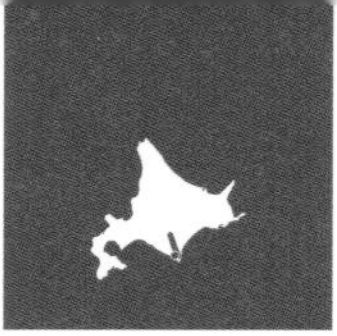

1300万年前～
新第三紀
（新生代）

地球深部マントルの岩石が地表に！
プレートの接合現場 アポイ岳

かつて北海道の真ん中はプレートが沈み込む場所でした。日本列島が大陸から離れた頃、北米プレートがユーラシアプレートに東から乗り上げるかたちで接合しました。接合の跡を間近に見られるのが日高山脈のアポイ岳です。

アポイ岳9合目から尾根「馬の背」と太平洋を望む（提供：様似町アポイ岳ジオパーク推進協議会）

北海道中央南部には、南北に150キロメートル連《つら》なる日高山脈があります。その南端に位置するのが標高810メートルのアポイ岳です。アポイ岳は丸ごと、地球の深部にあるかんらん岩でできています。

私たちが踏みしめている大地は「地殻《ちかく》」と呼ばれる厚さ数十キロメートルの岩石の層で、その下に「マントル」という、より重い岩石の層があります。かんらん岩はこのマントルを構成する岩石なのです。

「馬の背」状の尾根地形の秘密

地球深部の岩石が地上に現れた理由は、日高山脈のでき方から読み解くことができます。地球の表層は、地殻と上部マントルからなる、厚さ100キロメートル程度の何枚もの巨大な硬い岩盤「プレート」に覆われていて、それぞれが移動し続けています。そのため、プレートの配置や境界は時代とともに変化してきました（図1）。

現在の北海道は「北米プレート」に乗っており、東から「太平洋プレート」が沈み込んでいます。しかし、かつての北海道は当時の千島弧を乗せた北米プレートとユー

1 約1300万年前と現在のプレート境界の比較

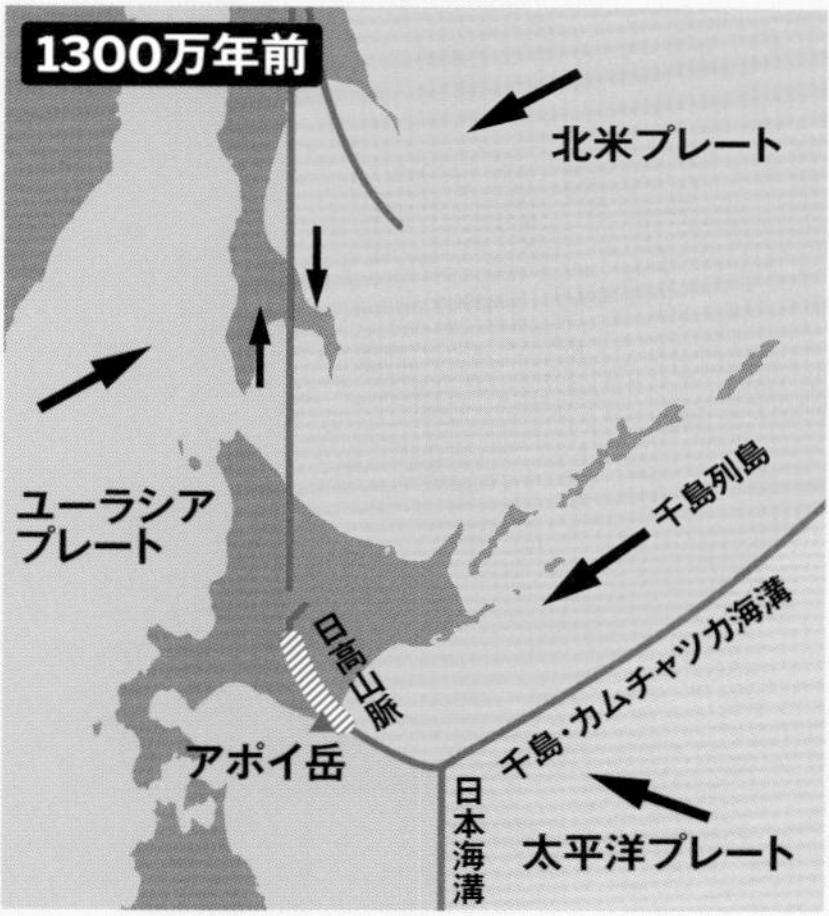

1300万年前の北海道周辺のプレートの分布。日高山脈のあたりに境界線がある

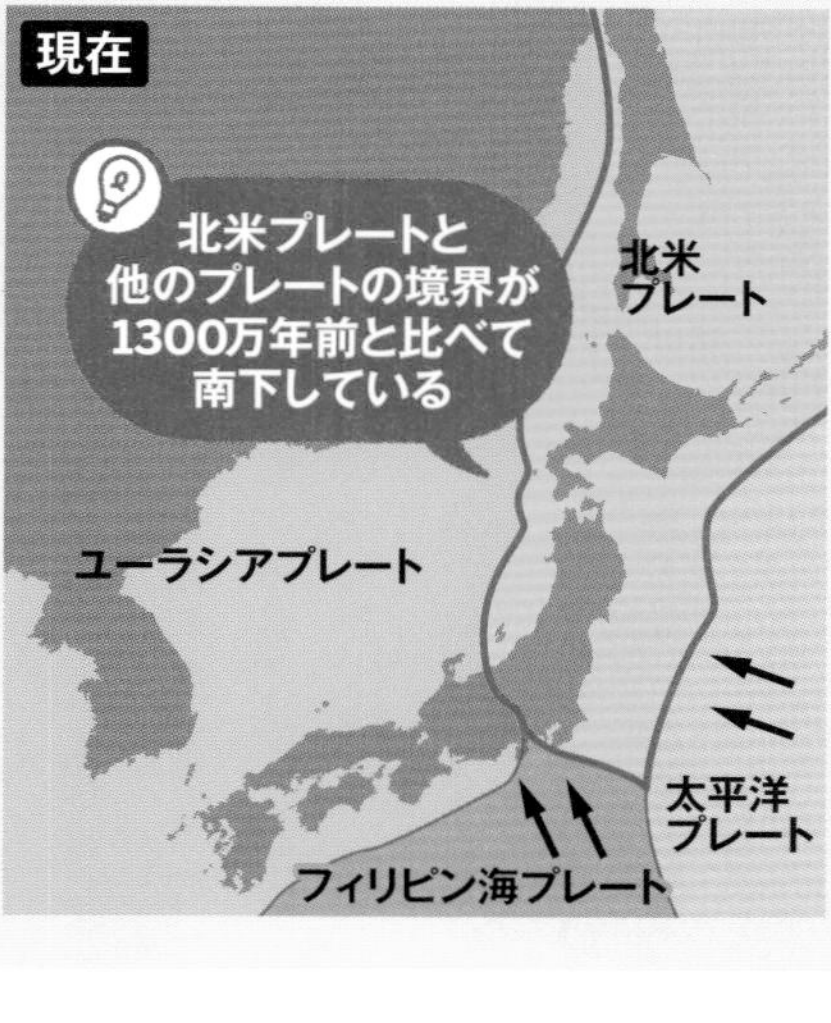

現在の日本周辺のプレートの分布。北海道は丸ごと北米プレートの上にある（出典：様似町アポイ岳ジオパーク推進協議会の図をもとに作成）

4000万年前に2つのプレートが衝突（右）。1300万年前の2回目のプレート衝突で一方のプレートがめくれ上がり、日高山脈とアポイ岳が形成された（左）（出典：様似町アポイ岳ジオパーク推進協議会の図をもとに作成）

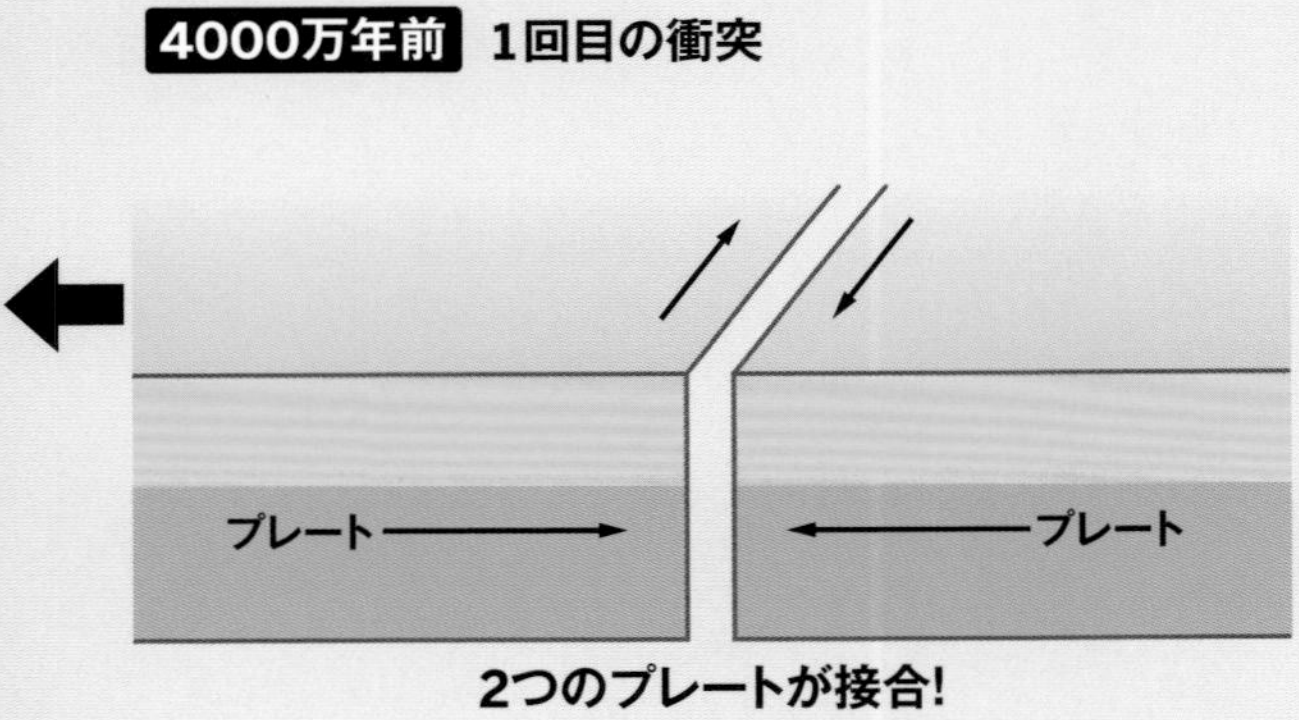

ラシアプレートの接合でできたと考えられていて、日高山脈はその接合境界でした。

かつてプレートの沈み込み帯だった北海道中央部は、4000万年前にユーラシアプレートと北米プレートが接合したことによって右ずれ断層帯に変化。2500万年前に日本海が開き始め、北海道中央部は東にずれていきました。

その結果、千島列島が衝突して、千島列島を乗せた北米プレートのマントル上部がめくれ上がったのです。浅海だった日高山脈が隆起し始めたのは、ちょうどこの頃だと考えられています（図2）。

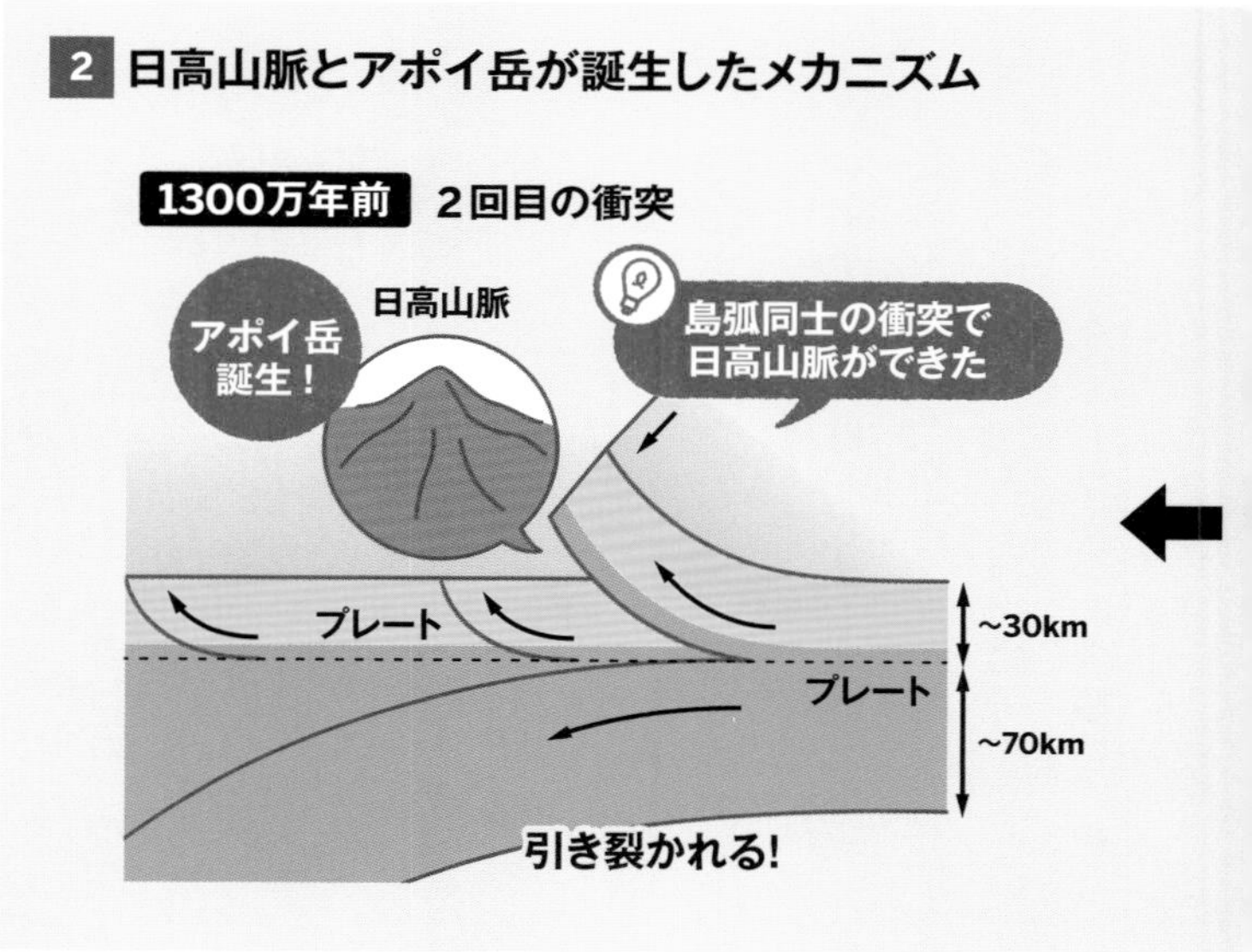

のし上がった北米プレートの底からはかんらん岩が引き剥がされ、５００万年前に地表に現れてアポイ岳が誕生しました。

かんらん岩の主成分はオリーブ色のかんらん石

かんらん岩は、地表近くで作られる岩石よりも重く、全体的に緑がかった色をしています。これはオリーブ色をした鉱物「かんらん石（オリビン）」を多く含むためです。一般的にかんらん岩は水分により変質しやすいのですが、アポイ岳やその周辺に見られるかんらん岩はほとんど変質しておらず〝フレッシュ〟なことが特徴です。このかんらん岩は地名をとって「幌満《ほろまん》かんらん岩」と呼ばれ、学術的に重要なものとして研究されています。

新鮮なかんらん岩は、地球深部の情報を示してくれます。主にかんらん岩で構成される岩石からなるマントルは、千万年スケールで考えると水あめのように地球内部を対流しているとされており、これがプレートの移動や火山活動の原動力となっています。幌満かんらん岩は、マグマがどのように作られ上昇するのか、重いかんらん岩が実際にどのように地上まで上昇してくるのかといったメカニズムを解明するための重要なヒントになるのです。

風化土壌と気候が育む低標高の高山植物

「アポイ岳」は、アイヌ語の「アペ（火）・オイ（多い所）・ヌプリ（山）」が略されたもので、「大火を焚《た》いた山」を意味します。昔、アイヌの人々がこの山で火を焚き、鹿の豊猟をカムイ（神）に祈ったという伝説に由来しているのです。

アポイ岳のもう1つの特徴は、標高がそれほど高くないにもかかわらず、天然記念

かんらん岩の風化土壌に咲くエゾルリムラサキの花。アポイ岳5合目より上で見られる。花期は6月下旬～8月上旬

物を含む多くの高山植物が見られる点です。日本で最も早く、最も長い期間高山植物の花畑が楽しめますが、実は、この植生もかんらん岩に深く関わっているのです。

高山植物は、栄養の少ないゴツゴツした土壌と低い気温という厳しい環境に適応した植物で、その名の通り高山に見られます。アポイ岳のかんらん岩から作られる土壌は、層が薄い上に、植物の生育を阻《はば》むマグネシウムを多く含みます。さらに乾燥しやすく栄養も少ない土壌に加えて、夏に海から吹く冷たく湿った風「やませ」によって気温が上がらないために、高山植物が広がる環境が作られるのです。

大陸プレートのかつての境界である日高山脈を望み、地球深部に触れることができるアポイ岳。この地に立てば、ダイナミックな地球の営みを感じられるでしょう。

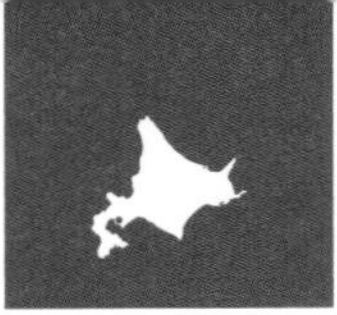

2万年前～

第四紀
（新生代）

火山フロントの屈曲点に位置する
凸凹地形の有珠山と昭和新山

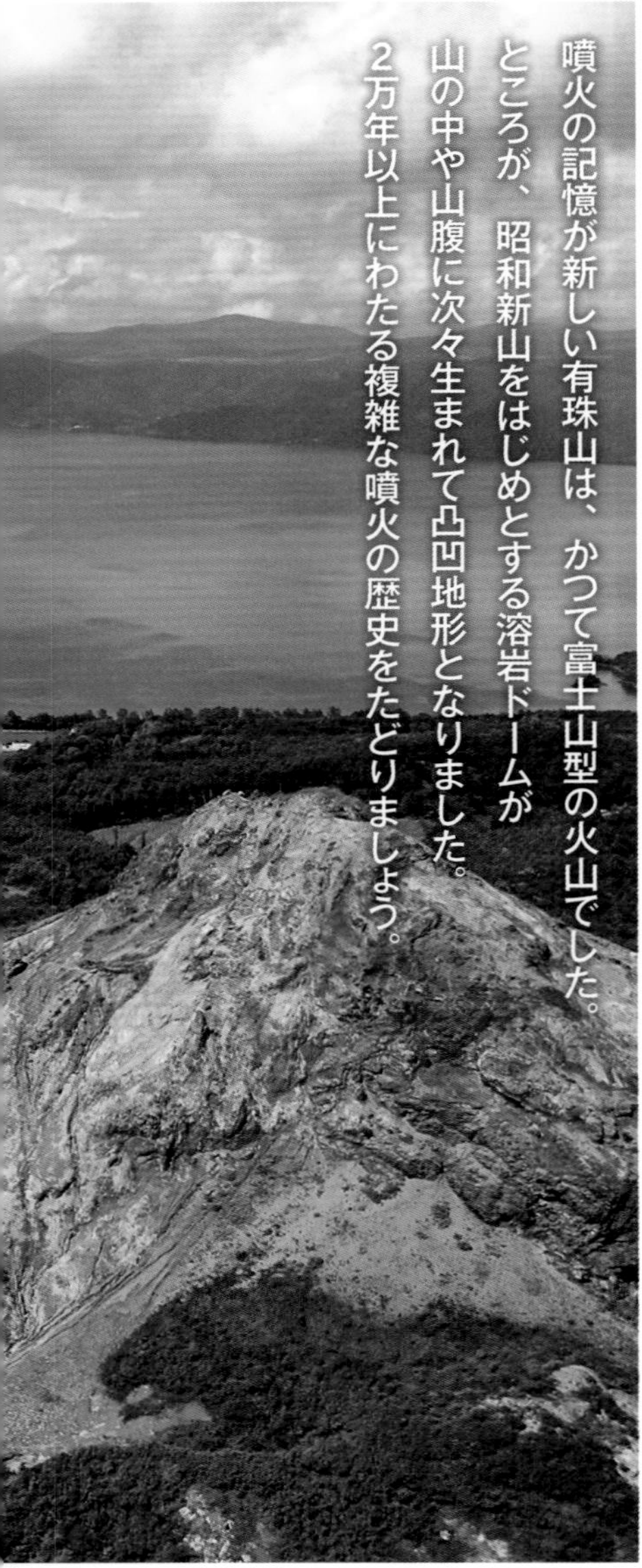

噴火の記憶が新しい有珠山は、かつて富士山型の火山でした。ところが、昭和新山をはじめとする溶岩ドームが山の中や山腹に次々生まれて凸凹地形となりました。2万年以上にわたる複雑な噴火の歴史をたどりましょう。

右手前の赤い岩肌が昭和新山。奥はカルデラに水がたまった洞爺湖で、左手奥の高まりが東丸山（提供：洞爺湖有珠山ジオパーク推進協議会）

北海道南西部の洞爺《とうや》湖は、11万年前の巨大噴火でできたくぼ地「カルデラ」に水がたまってできた湖です。そして、その南縁にある標高733メートルの有珠山《うすざん》は、2000年の噴火まで、記録が残っているだけで約30年おきに9回も噴火している、北海道で最も活動的な火山です。

有珠山は、いくつもの溶岩ドーム（火山から粘性の高い溶岩が押し出されてできたドーム状の地形）があり、凸凹した形をしています（図1）が、どのようにかたち作られたのでしょうか。

火山のかたちはマグマの粘性で決まる

火山とは、地下にあるマグマが上昇し、火口から噴出した溶岩や火山灰が積もってできた山のことです（図2）。火山にはさまざまなかたちがあり、それは主にマグマの性質によって変わってきます。例えば、きれいな円錐《えんすい》形をした富士山は、少し粘性のあるマグマを噴出する「成層《せいそう》火山」、傾斜が緩やかで底面積が広い平べったいかたちをしたハワイのキラウエア火山はサラサラしたマグマを噴出する「盾状《たてじょう》火山」です。

1 有珠火山の地質鳥瞰図

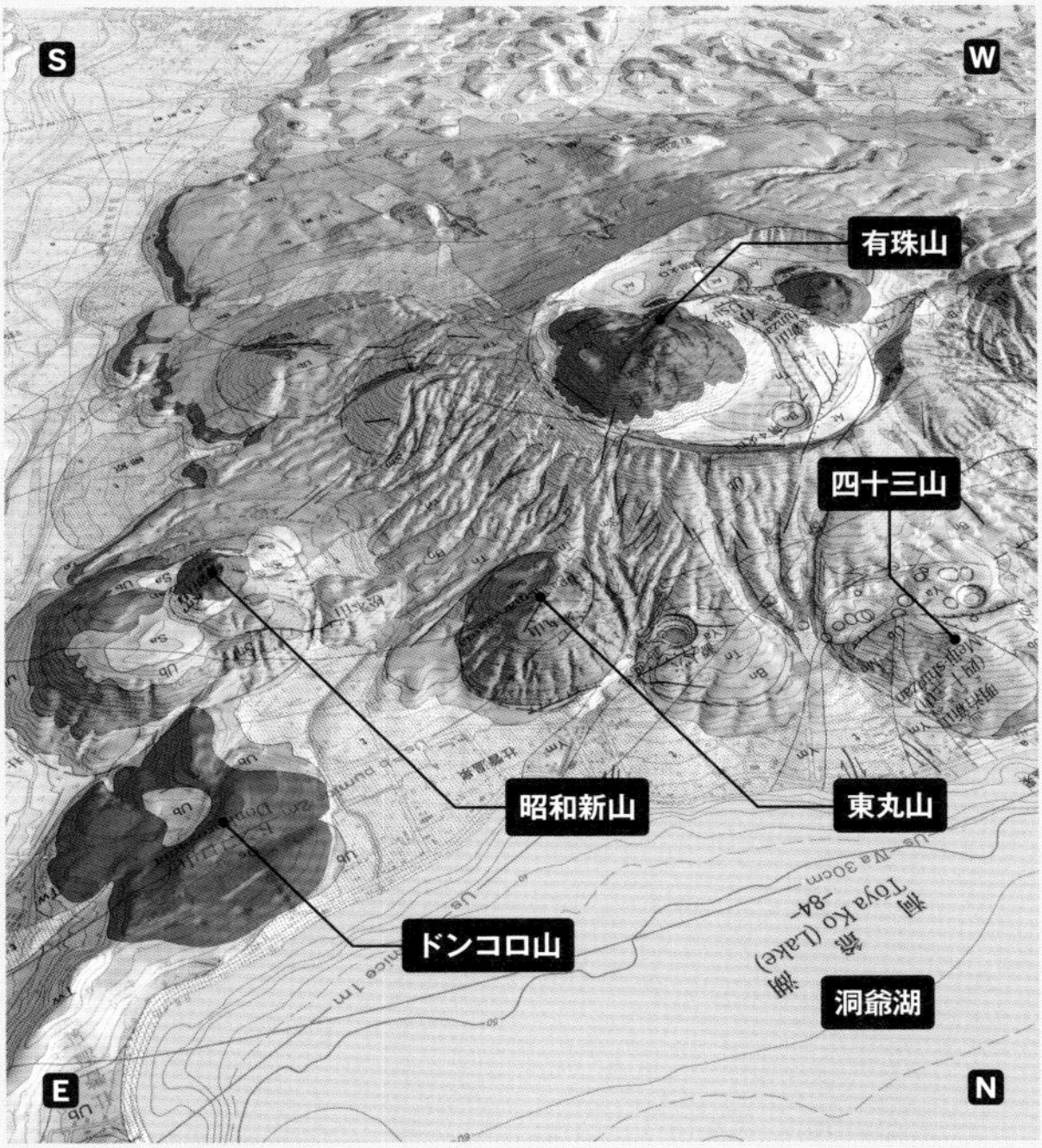

有珠火山は中央右側の2ヶ所の高まり（赤）を囲うような外輪山（黄）を持つ成層火山。中央左側の小さな高まり（赤）が溶岩ドームの昭和新山で、その下側のやや大きな高まり（赤）が側火山のドンコロ山。右下の部分は洞爺湖（出典：産総研地質調査総合センターのウェブサイト　https://gbank.gsj.jp/volcano/Act_Vol/usu/map/volcmap0002.html　原図をトリミングして地名を追記）

2 火山のメカニズム

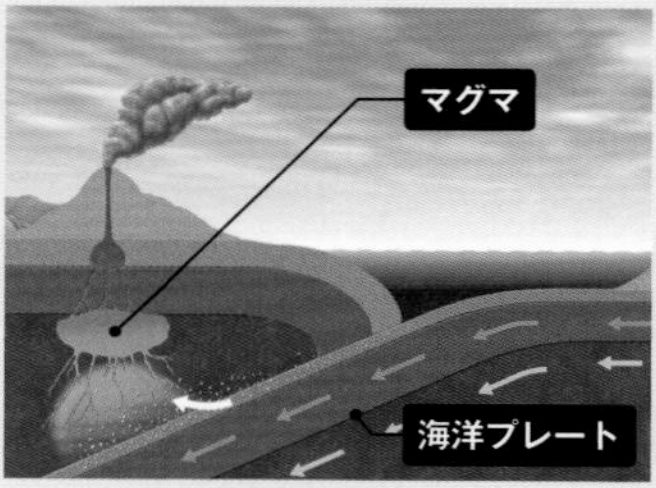

日本列島の地下に海洋プレートが潜り込む時に（緑の矢印）、プレートに含まれる水分が作用して高温のマントルが溶けてマグマとなる（白の矢印）。そのマグマが上昇し、地上の火口から噴出した溶岩や火山灰などが積もってできたのが火山である

有珠山は、もとは成層火山でしたが、いまはお寺の鐘を伏せたような形の溶岩ドームを伴っています。溶岩ドームを作るマグマは粘性が高いのです。

多くのコブを持つ有珠山は、そのかたちそのものが噴火の履歴でもあります。いまから１万年前～２万年前に有珠山が作られ、７０００年前～８０００年前に山頂が崩壊。その後、繰り返す噴火ごとに山頂や山麓の地表や地下に溶岩ドームが作られました。四十三山《よそみやま》は１９１０年、昭和新山は１９４４～45年、有珠新山は１９７７～78年、西山《にしやま》山麓は２０００年の噴火で隆起してできました。

このように活発な有珠山は、火山の分布域を結んだ境界線「火山フロント」の屈曲点に位置しており、同時に東北日本弧と千島弧の接点という特異な場所に位置しているのです（島弧《とうこ》は弧状に並ぶ列島のこと）。

3 昭和新山の成長記録

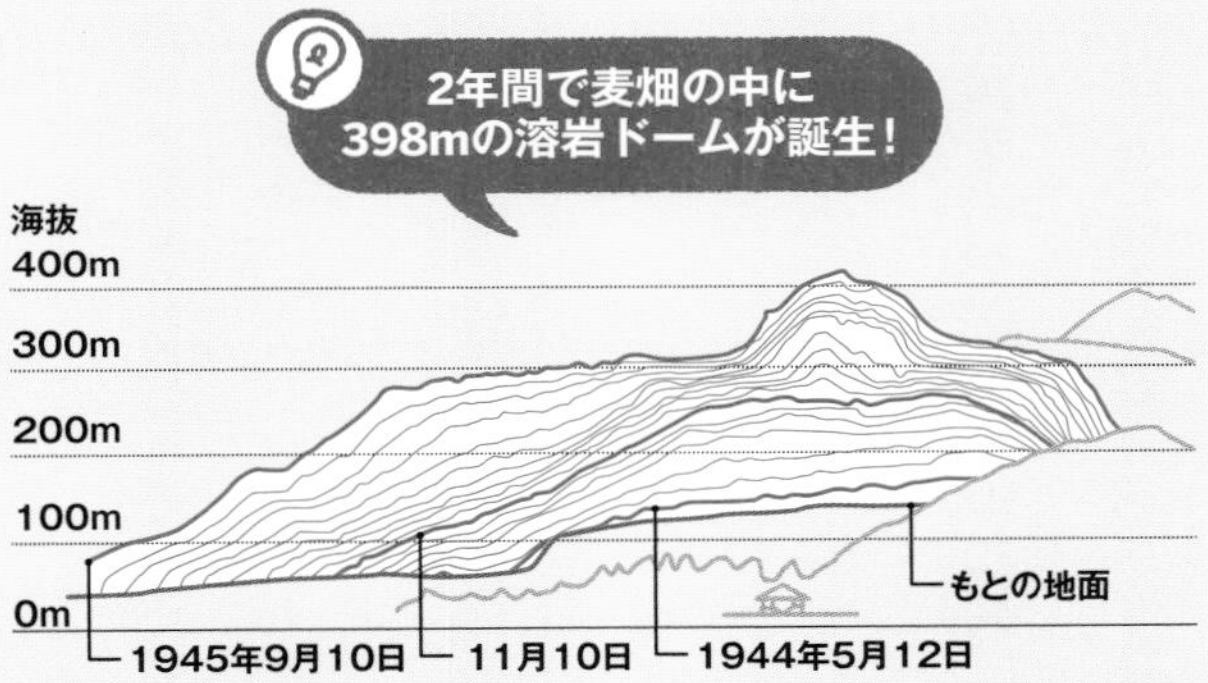

1944年5月12日～1945年9月10日の期間、三松正夫氏によって昭和新山の成長過程が克明に記録された「ミマツダイヤグラム」（提供：三松正夫記念館）

超若年火山 昭和新山の観察術

火山と聞くと、何万年も前からそこにあると思われがちですが、昭和新山は、戦時中の噴火で突如現れた、75歳の非常に若い火山です。標高は398メートル、赤くゴツゴツした山肌をしています。

1943年に火山性地震が頻発、1944年6月から水蒸気爆発を繰り返し、標高100メートルの平らな麦畑は6ヶ月間で100メートル隆起しました。この時点で昭和新山は緩やかな台形をした山体でした。

さらに隆起を続け頂上付近が尖《とが》り始め

たのがその1ヶ月後の12月、固まりかけた溶岩が山体を押し上げて溶岩ドームが作られ、昭和新山が誕生したのが翌年の9月でした。単純計算すると頂上付近は1日に約60センチメートルの速度で隆起したことになります。

昭和新山は史上初めて成長過程を記録された火山でもあります。当時、地元の郵便局長だった三松正夫《みまつまさお》氏によって記録された「ミマツダイヤグラム」によって、まるで我々も目撃したように、どのように昭和新山ができたかを知ることができます（図3）。戦時中で監視が厳しく物資も乏しい中、測定器具を作り果敢《かかん》に測定を続けた三松氏。火山の形成を記録することで次の世代に教訓を伝えようとしたのでした。

近年では、火山を素粒子で透視する新技術「ミュオグラフィ」により昭和新山の内部が明らかにされつつあります（図4）。

記録を絶やさず火山と共に暮らす

活発に噴火を繰り返す有珠山の近くでは、古くは縄文時代から人が住み続けてきました。アイヌの人々は有珠山を「軽石を削り出す神」と呼び、その恐ろしさを伝承し

4 昭和新山のミュオグラフィ画像

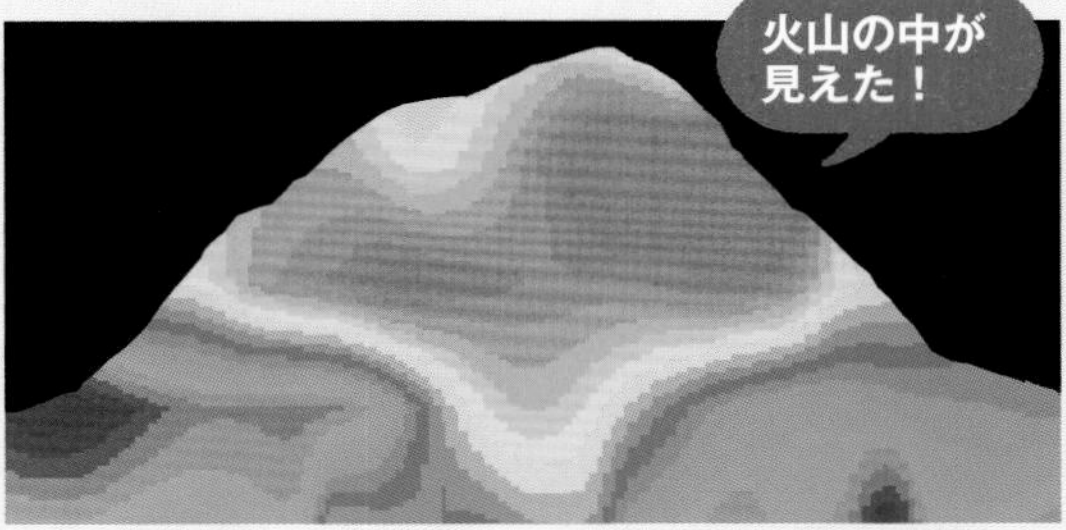

密度が高い部分（赤）と低い部分（青）で昭和新山の内部を示した画像。中央下の密度が高い部分が火道と推測されている（提供：田中宏幸氏）

ミュオグラフィの観測点から見た昭和新山（398m）の姿。外側から見ただけでは、その内部の様子はわからない（©663 highland）

ていたと考えられています。

江戸時代に記された『大臼山《おおうすざん》焼崩日記《しょうほうにっき》』には1822年の文政噴火の際、火山活動が弱まった直後に発生した大規模な火砕《かさい》流《りゅう》が麓《ふもと》の森林を焼き尽くしたとあります。

洞爺湖有珠山ジオパークには、1977年と2000年に起こった噴火によって破壊された建物や道路が保存されており、その凄《すさ》まじさをうかがい知ることができます。

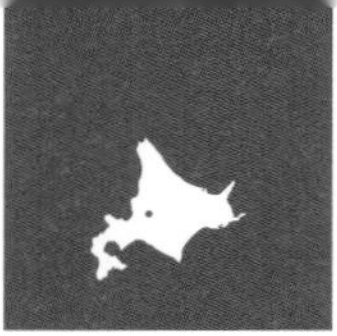

1億年前〜
白亜紀
（中生代）

巨大アンモナイトの産地
5000万年分の地層が消えた!?「蝦夷層群」の謎

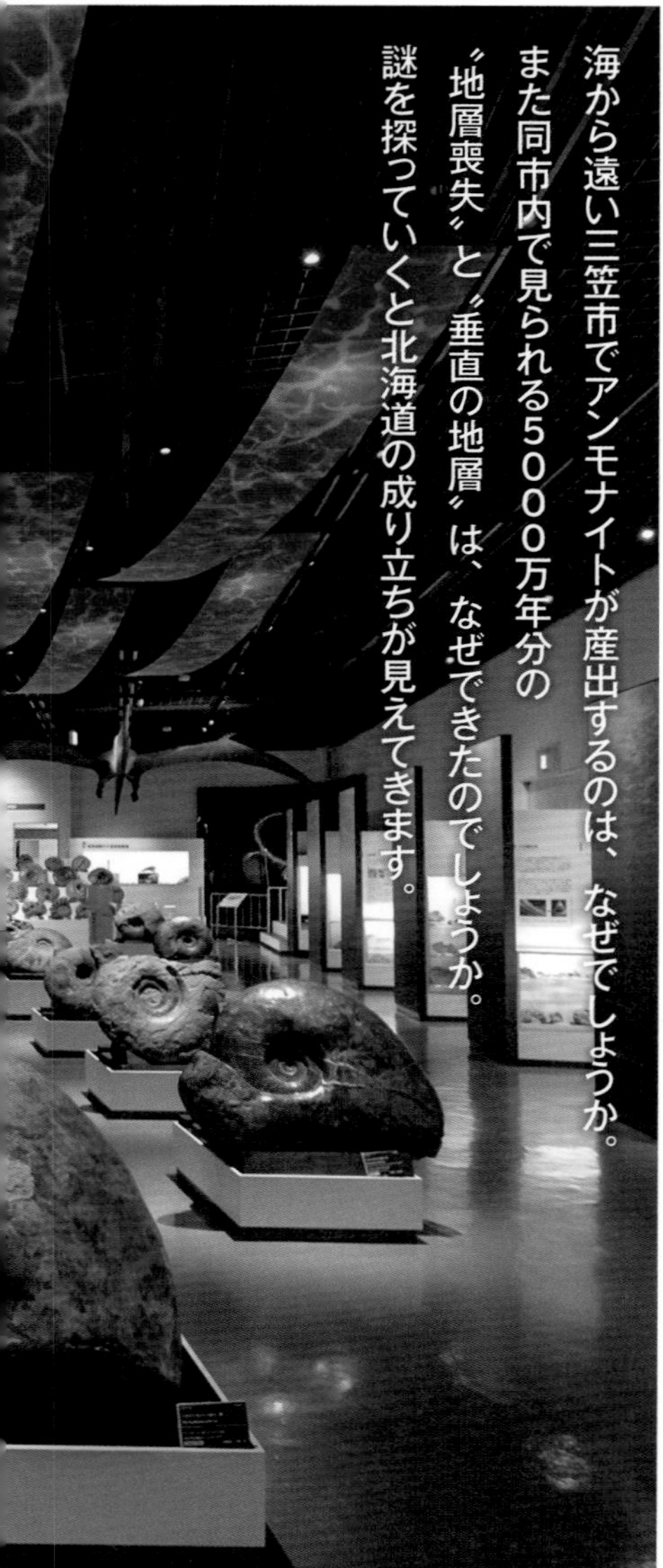

海から遠い三笠市でアンモナイトが産出するのは、なぜでしょうか。
また同市内で見られる5000万年分の〝地層喪失〟と〝垂直の地層〟は、なぜできたのでしょうか。
謎を探っていくと北海道の成り立ちが見えてきます。

三笠市立博物館に展示された、白亜紀の蝦夷層群から発掘された巨大アンモナイト（提供：三笠ジオパーク推進協議会）

1 蝦夷層群が堆積した場所と時代

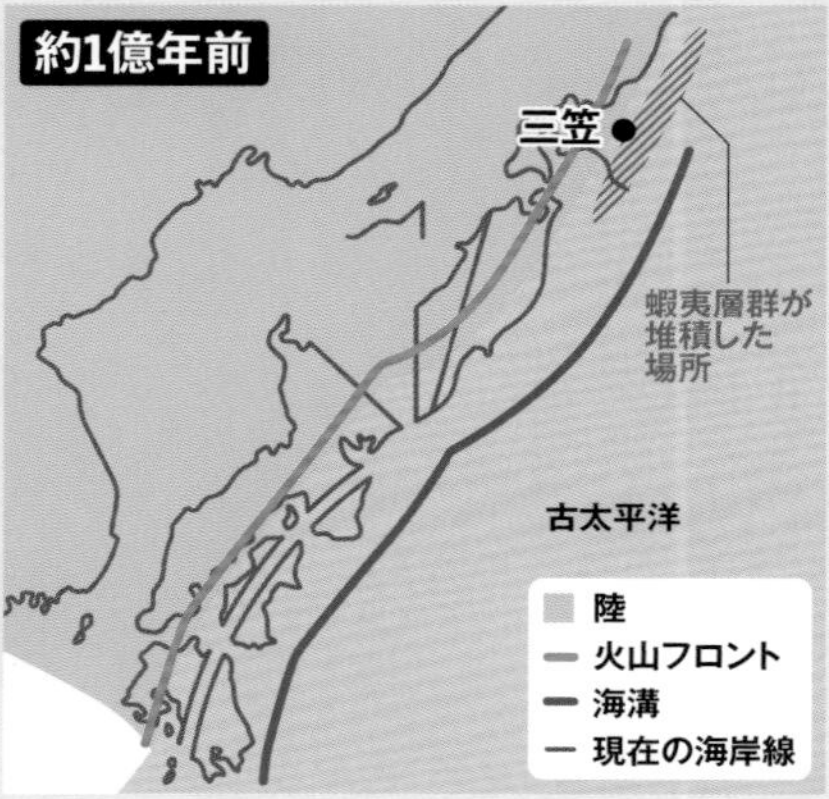

約1億年前の白亜紀に、蝦夷層群は浅海で堆積した（出典：三笠ジオパーク推進協議会の図をもとに作成）

北海道のほぼ中央、夕張山地の西に位置する三笠市は、市全体がジオパークであり、世界的に有名なアンモナイトの化石の産地です。デボン紀に出現したアンモナイトは、１億４５００万年前から６６００万年前まで（白亜紀）の海で繁栄していました。三笠は白亜紀の海底の地層が現れている場所なのです。

ジオパーク内の桂沢ダム原石山の露頭では、この地層を実際に見ることができ、三笠市立博物館では大きいもので直径１・３メートルのアンモナイトの化石を見ることができます。

浅海性堆積物から産出するアンモナイト

2 大陸プレートと前弧海盆の位置関係

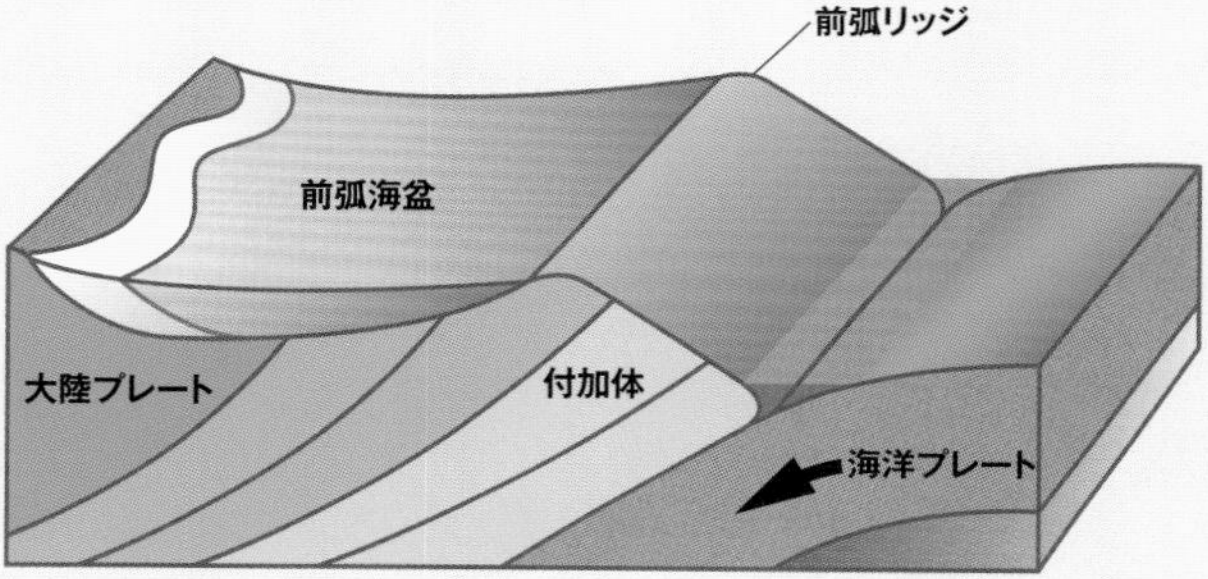

海洋プレート（実際は50〜100㎞ととても厚い）から大陸プレート側に押しつけられるように堆積した「付加体」の陸側に前弧海盆（蝦夷層群）ができる（出典：南紀熊野ジオパーク推進協議会の図をもとに作成）

白亜紀は長い地球史の中で最も温暖な時代でした。陸上では、現在の寒冷地にも熱帯植物が生え、恐竜が栄華を極めていました。恐竜の種が多様化し、ブラキオサウルスのような巨大恐竜も出現。一方、海ではフタバスズキリュウなどの首長竜や直径2メートルにもなる大きなアンモナイトが生息していました。

白亜紀の北海道は、西半分がまだ大陸の一部で、三笠を含む東半分は海だったと考えられています。

現在、太平洋プレートが沈み込む海溝は北海道の太平洋沖に位置していますが、当時は（まだ山になっていない）日高山脈周辺が海溝でした。このかつての海溝付近では、大陸

石炭層を含む垂直な地層は、日高山脈の上昇と関係がある
（提供：三笠ジオパーク推進協議会）

が乗るユーラシアプレートの下に東から太平洋プレートが沈み込み、それより西の三笠周辺は浅い海だったと考えられています（図1）。

このあたりの海域の北緯35度から45度の海底（前《ぜん》弧《こ》海盆《かいぼん》）に堆積した砂や泥の地層を「蝦《え》夷《ぞ》層群《そうぐん》」と呼びます（図2）。当時、この浅海に大量に生息していたアンモナイトやイノセラムスという二枚貝などの遺骸が、化石となって蝦夷層群に大量に含まれました。

5000万年分の地層が消えた？

三笠には石炭層も存在し、かつては北海道を代表する炭鉱の町でした。１８７９年の開鉱から１９８９年に閉山されるまで５５００

万トンもの石炭を産出しました。これは、東京ドーム37杯分に相当します。

三笠には、白亜紀が終わった後、古第三紀の5000万年前に作られたこの石炭層と、1億年前の蝦夷層群が隣り合っている不思議な場所があります。その間の5000万年間分の地層が失われた地層の組み合わせは、どうして作られたのでしょうか。

約1億年前、浅い海だったこの場所は、地殻変動によって時間の経過とともに陸地となっていきました。そもそも、陸上で目にする「地層」の多くは海中で砂や泥、生物の遺骸が堆積して作られるものです。その地層が、陸地では風化や侵食によって削り取られてしまうのです。

蝦夷層群の場合、こうして上位に存在していたはずの地層が侵食され、その上に5000万年前、石炭のもととなる植物が生い茂る湿地帯が作られました。植物はやがて堆積して地中に埋まり、炭化して石炭層になりました。

ここでは地層が垂直に近いほど傾斜しているために、ひとまたぎで1億年前と5000万年前の2つの時代をワープすることができます。このような上下の地層の間に時間のギャップを示す関係は、「不整合《ふせいごう》」と呼ばれています。

02 東北

古生代と中生代の地層が語る東北地方形成史

東北地方東部の土台は、南部と北部で分かれます。
古生代から中生代にかけて連続した地層の南部北上帯。
西南日本にも分布する、ジュラ紀付加体の北部北上帯。
5億年前から続く東北地方の形成史を見ていきましょう。

Point ❷
グリーンタフが
分布している!
p.56
磐梯山の
流れ山
p.74
鳥海山象潟の
流れ山
p.74
火山フロント
南部北上帯
棚倉構造線
丹波―美濃―足尾帯
肥後―阿武隈帯
石巻の
スレート
p.70

付加体ではない東北地方らしい地質

東北地方を斜めに横切る棚倉《たなぐら》構造線を境に、西南日本と東北日本で大きく地体構造が異なります。

東北地方で特筆すべき地質の特徴は、日本列島形成史の特徴である「付加体」ではなく、古生代から中生代の地層が連続的に積み重なってできた南部北上帯《なんぶきたかみたい》です。シルル紀、デボン紀、石炭紀、ペルム紀という古生代の中盤から後半の地層の上には、中生代の三畳紀、ジュラ紀、白亜紀の地層が重なっています。日本の古生代から中生代の地層を見るなら南部北上帯がおすすめです。南部北上帯からは、4億4000万年前のオルドビス紀～シルル紀の花崗岩《かこうがん》が見つかっています。

一方、東北地方北東部の北部北上帯は、中生代のジュラ紀の付加体で、西南日本の土台の1つでもある秩父帯につながっていると考えられています。

目を海に移すと、アンモナイト化石が産出する北海道の蝦夷層群、千葉の銚子の地層にも通じる白亜紀の地層の連なりが、東北地方の太平洋沖の海底にあることがわかっています。東北では、宮古層群という白亜紀の地層が点在していて、恐竜の化石が見つかることがあります。

日本海開裂と火山活動の始まり

東北地方の火山フロントは現在、日本海溝に平行してほぼ南北に走っていますが、位置は日本列島の形成過程とともに移動しています。

大陸の一部だった日本列島の地殻が引きちぎられて、新たにできつつあった日本海にいくつもの海底火山ができたのは2000万年前以降のこと。その時、活発になった海底火山から噴出して海底に溜まった火山灰や火山礫《れき》は緑色凝灰岩《りょくしょくぎょうかいがん》「グリーンタフ」となり、隆起して東北地方の陸地となりました。仏ケ浦《ほとけがうら》（青森）では、グリーンタフが隆起した後、波風に侵食された異景を間近に見ることができます。

日本海溝の位置の変化に伴い、火山フロントも現在の位置に変わってきました。70万年ほど前から活動を始めた磐梯山《ばんだいさん》は、大規模な噴火と山体崩壊を繰り返して独特な地形を作っています。

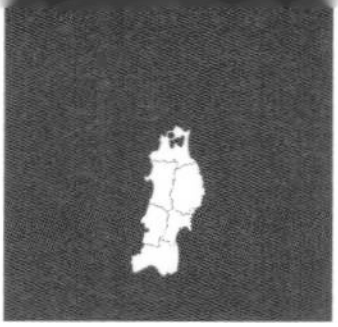

1500万年前～
新第三紀
（新生代）

日本海開裂時代の名残

海底火山が生んだ仏ケ浦のグリーンタフ

下北半島の海岸にそびえ立つ緑白色の巨岩群。海底火山の噴出物起源の緑色凝灰岩「グリーンタフ」が堆積し、その後、隆起して雨風と波による侵食を受けたものです。「グリーンタフ」は日本海の形成と深い関わりがあります。

「グリーンタフ」が雨水や波浪により侵食されて現在の景観となった
（提供：下北ジオパーク推進協議会）

青森県北部、まさかりの形をした下北半島の西海岸中央部に位置する仏ヶ浦。海岸線には緑白色の巨大な岩がそびえ立ち、この地ならではの独特な景色を見ることができます。

海岸沿いに立つ巨岩の正体は、海底火山から噴出した火山灰が積もり固まってできた「凝灰岩《ぎょうかいがん》」。堆積岩の一種です。変質して緑っぽい色合いを帯びていることから「グリーンタフ」（タフは凝灰岩の意味）と呼ばれ、主に北海道西部や本州の日本海側などに広く分布しています（図1）。

グリーンタフは地熱と水で変色した

仏ヶ浦の岩石は、もともと海の中で作られました。火山灰や、火山礫（火山から噴出した数ミリメートル〜数十ミリメートルの石）が大量に海中に堆積。これらが長い年月をかけて押し固められ、また地熱や水による変質を受けて、緑色に変色した凝灰岩の地層を作ったのです。その後、隆起して陸地となると、風雨や波浪によって侵食され、いまのような切り立った地形が作られました。

1 日本のグリーンタフの分布

グリーンタフは日本海側を中心に日本に広く分布するが、本州の糸魚川―静岡構造線でも認められる（地図上で太平洋側に延びる緑色の帯）。その分布から、当時の日本列島が糸魚川―静岡構造線を境に分かれていた証拠とされている（出典：共立出版『図説地学』の図をもとに作成）

巨岩には高さ100メートル近くになるものもあることから、仏ヶ浦の火山灰の地層は少なくとも100メートルはあったと考えられます。これだけ大量の火山灰・火山礫が降り積もるほどの火山活動は、どうして起きたのでしょうか。

日本海拡大に伴い海底の割れ目からマグマが噴出

古第三紀末から新第三紀中新世（2500万年前～1500万年前）にかけて、大陸の一部だった日本列島の近くが引きちぎられ、大陸から離れ始めました（図2）。すると大陸と列島の間は引き延ばされたのです。この

2 日本海拡大とグリーンタフ（堆積物）

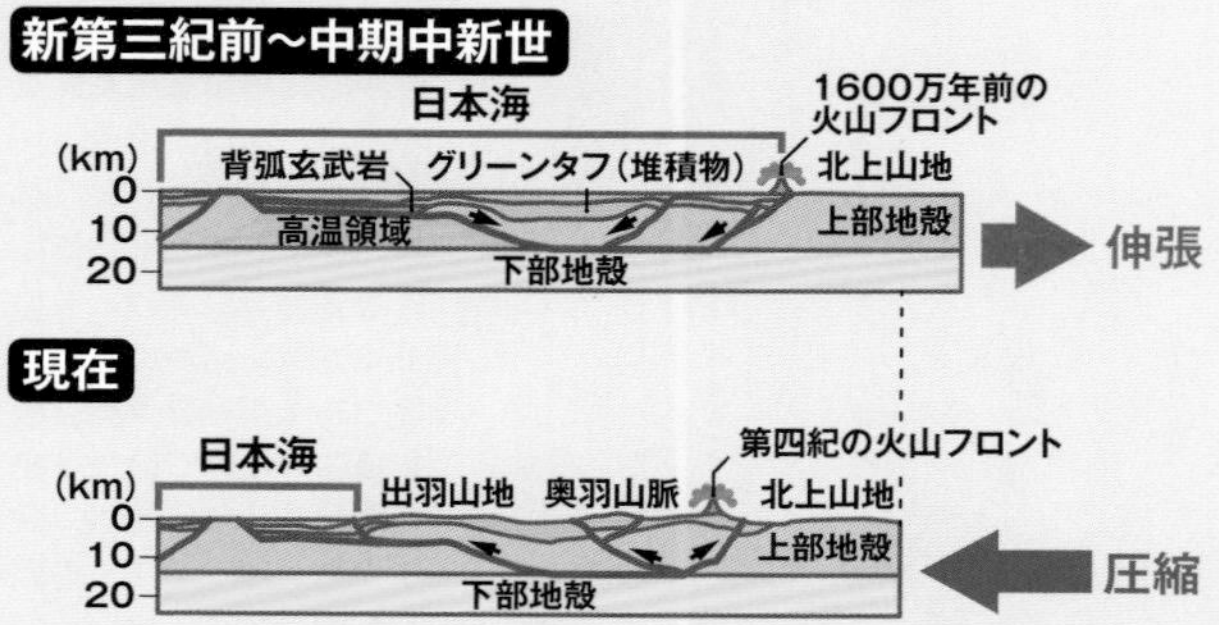

中新世の日本海の拡大に伴い、地殻が引き延ばされて地殻変動と海底火山の大規模噴火が起こり、海底に堆積した大量の火山灰は、変質して緑色を呈するグリーンタフになった。その後、圧縮方向の力が働き、日本海の海底の堆積物と地殻の一部が隆起して東北日本の陸地を形成した（提供：岩手県立博物館の図版を改変）

ように地殻が水平に延ばされ引きちぎられる地殻変動を「伸張テクトニクス」と呼びます。この時に作られるのは、引き延ばされる両端に対して中心部が沈み込む「正断層《せいだんそう》」。この沈み込んで低くなった部分に海水が入り込んで日本海が出現しました。また、引き延ばしの力によって、マグマの通り道である「火道《かどう》」が開きやすくなり、日本海にいくつもの海底火山が作られて活発に噴火しました。

紙粘土を両手に持って引き延ばす様子を想像してください。紙粘土を地殻と見立て、左手側が大陸、右手側が日本列島とします。左手（大陸）を固定しておき、

秋田県小坂町古遠部鉱山の黒鉱鉱床。スケールの先の青黒い部分が黒鉱（撮影：豊遙秋氏）

右手（日本列島）で引き延ばすと中央部分は薄くなり、上面は少し低くなるでしょう。実際には、この凹《へこ》みに水が入り込み溜まって日本海となりました。引き延ばされた部分をよく見ると、特に中央部分に細かい割れ目がたくさんできているのにも気がつくでしょう。実際の海底にできた割れ目からマグマが噴出してできたのが、日本海にできた海底火山です。

グリーンタフは、主に北海道西部から、本州中央部を北西―南東に走る地溝帯「フォッサマグナ」まで分布し、その面積は日本全体の地層・岩石の20パーセントを占めます。フォッサマグナを境に、当時の日本列島が東北日本と西南日本に分かれていた証拠にもなっています（図1）。

また、グリーンタフ地域には、銅・鉛・亜鉛が採れる「黒鉱《くろこう》鉱床《こうしょう》」があります。黒鉱鉱床は、海底火山から噴き出す300℃ほどの熱水が海水で冷やされて結晶化して形成されました。

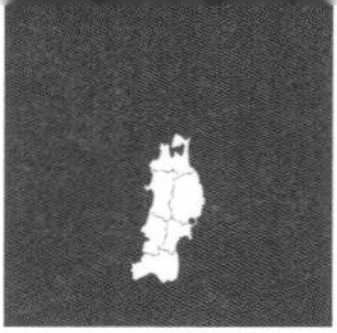

2.6億年前〜
ペルム紀
（古生代）

2・6億年前の赤道付近で堆積した!!
起源は古生代の超大陸
岩井崎の石灰岩

暖かい海に生息するサンゴの化石が東北地方で見つかるのはなぜでしょうか。5億年前まで遡り、ゴンドワナ大陸との関係から探っていきます。

尖った剣山のようにも見える、2億年
以上前の赤道域のサンゴ礁を起源に
持つ岩井崎の石灰岩

宮城県、気仙沼湾南端に位置する岩井崎の海岸には、ギザギザに尖った白っぽい岩が剣山のように広がっています。その表面をよく見るとサンゴや、ウミユリというウニの仲間の化石を見つけることができます。

白い岩は、はるか昔、古生代のペルム紀に生息していたサンゴなどの生物の遺骸が集まり固まった「石灰岩」で、風雨に削られてギザギザになったと考えられています。サンゴは、亜熱帯から熱帯の浅海に生息する生物ですが、その化石がなぜ東北地方で見つかるのでしょうか。その理由は、岩井崎がある北上山地の成り立ちにあります。

北上山地はなぜ化石の宝庫なのか

宮城県から青森県南部にかけて、東北地方の東側に分布する北上山地は比較的なだらかな山地で、最も高い早池峰山《はやちねさん》は標高1917メートルです。

北上山地には、シルル紀から白亜紀後期（4億4400万年前〜8000万年前）までの3億6000万年間以上の浅海堆積物の地層が残っており、その時代に浅海で生きていた化石が含まれます。岩井崎ではペルム紀のサンゴやウミユリの化石が、北

1 ペルム紀の古地理

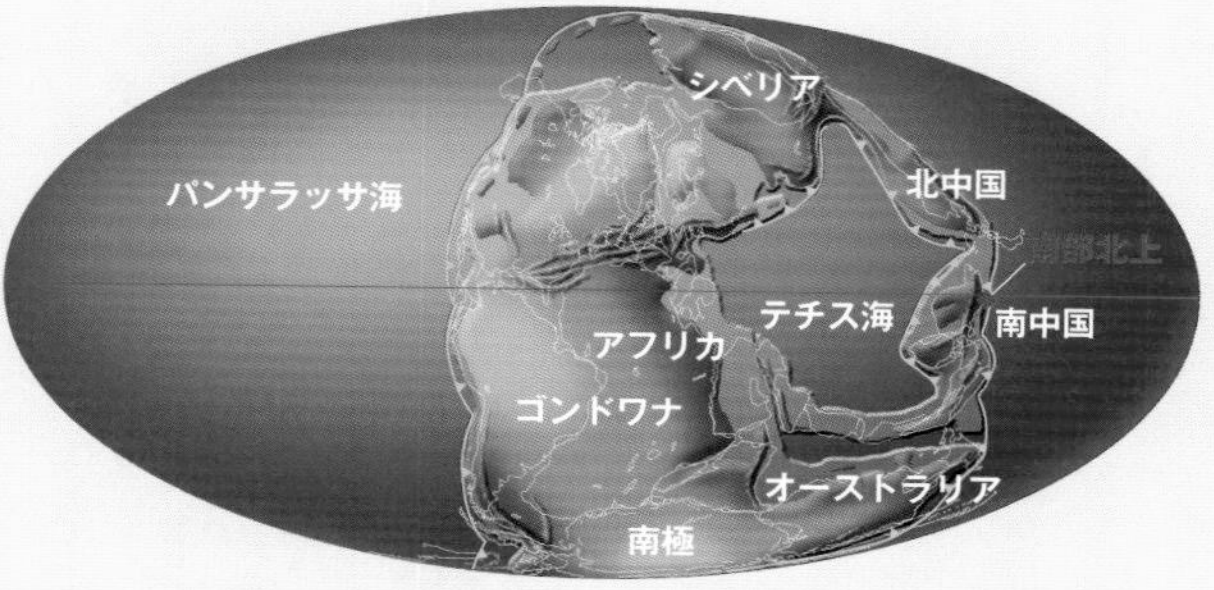

ペルム紀（3億年〜2.5億年前）の古地理図。岩井崎を形成している石灰岩を含む「南部北上帯」は赤道域に起源を持ち、プレートの移動に伴い現在に至る。南部北上の位置は、岩手県立博物館の大石雅之研究協力員による（イラスト：マカベアキオ）

部北上山地では白亜紀のアンモナイトの化石が見られるのはそのためです。

北上山地は早池峰山を境に南北で、そのルーツはまったく違うことがわかっています。北上山地の北部はジュラ紀の付加体ですが、南部はアフリカ大陸や南極大陸などの前身「ゴンドワナ大陸」の一部が分離したものなのです。時間を遡ってもう少し詳しく説明しましょう。

5億年前（先シルル紀）、赤道付近にあったゴンドワナ大陸の北縁の沈み込み帯で南部北上帯の基盤が形成されました。南部北上帯はその後、ペルム紀の頃まで赤道付近に位置していたことがわかっています（図1）。

一方、北部北上山地の前身は3億2000万年前〜1億4500万年前（石炭紀〜ジュラ紀末）にかけての堆積物。この2つはそれぞれプレートに乗って地球上を旅し、ジュラ紀末にユーラシア大陸の東縁で合流し、北上山地の土台を作りました（図2）。

2 初期白亜紀の地体構造

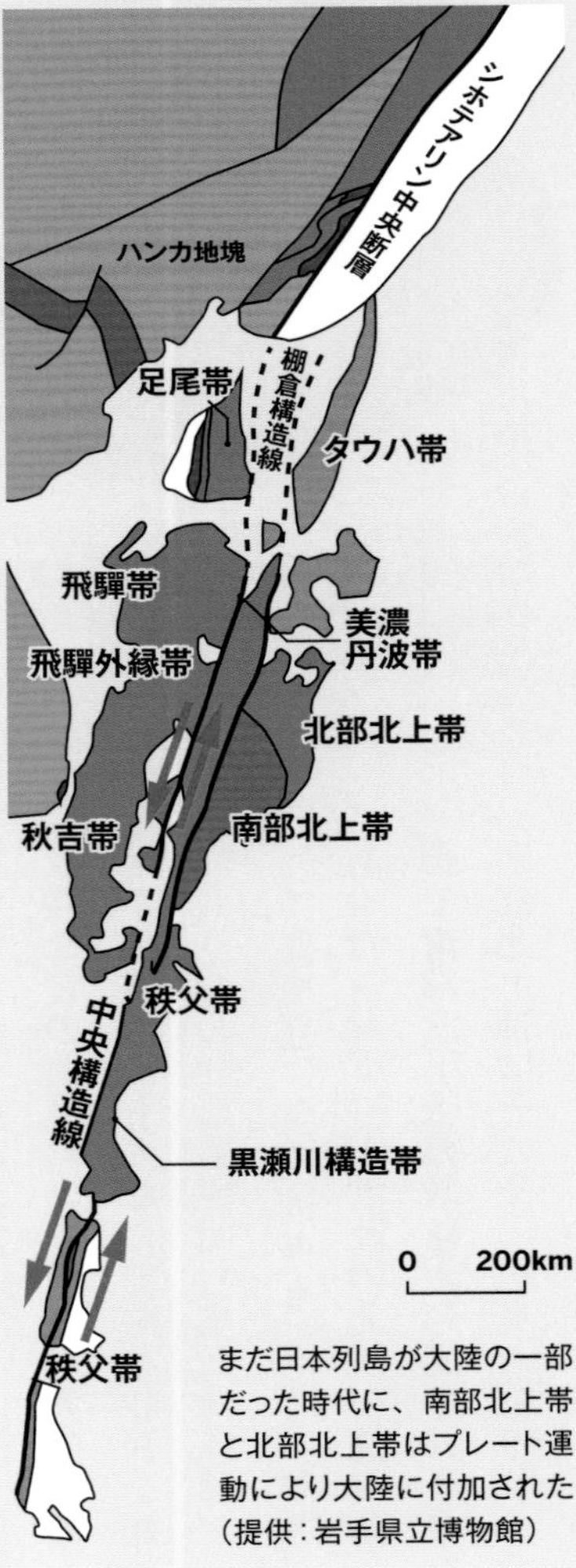

まだ日本列島が大陸の一部だった時代に、南部北上帯と北部北上帯はプレート運動により大陸に付加された（提供：岩手県立博物館）

標高1917mの早池峰山は海底が隆起してできた「準平原地形」。山頂からは、なだらかな稜線が続く北上山地を一望できる（提供：大石雅之氏）

このように北上山地は、ユーラシア大陸の一部となるまでの過程で、さまざまな時代の化石を含む堆積物の地層を重ねてきたのです。

ペルム紀末の大量絶滅「P–T境界」

北上山地北部に位置する岩手県岩泉町安家森《あっかもり》には、2億5200万年前に起きた大量絶滅の証拠となる地層の境界が残っています。2億5200万年前は古生代のペルム紀（Permian）の終わりであり中生代の三畳紀（Triassic）の始まりであることから、それぞれの頭文字をとってこの境界は「P–T境界」と呼ばれます。

岩手県岩泉町安家森で見られる北部北上帯のP-T境界層は、地球規模の大量絶滅が起こったことがわかる地質的に重要な境界だ。両端の矢印を結ぶ線上がP-T境界（提供：永広昌之氏）

P–T境界を含む地層は、チャートや石灰岩が多くサンゴなどの化石が見つかりますが、P–T境界周辺では生物の化石がまったく含まれないことから、大量絶滅が起きた証拠とされています。地球上の生物が爆発的に増えた「カンブリア大爆発」以降に起きた5回の大量絶滅のうちで、最大規模のものでした（図3）。

古生代は、5億4100万年前からおよそ3億年間続いた時代で、この間に生物が爆発的に進化・繁栄を遂げ、現在の動物の骨格の基本型が作られました。両生類だけでなく植物も陸上に進出し、地球の酸素濃度は現在よりも高くなり、昆

3 地質年代と大量絶滅イベント

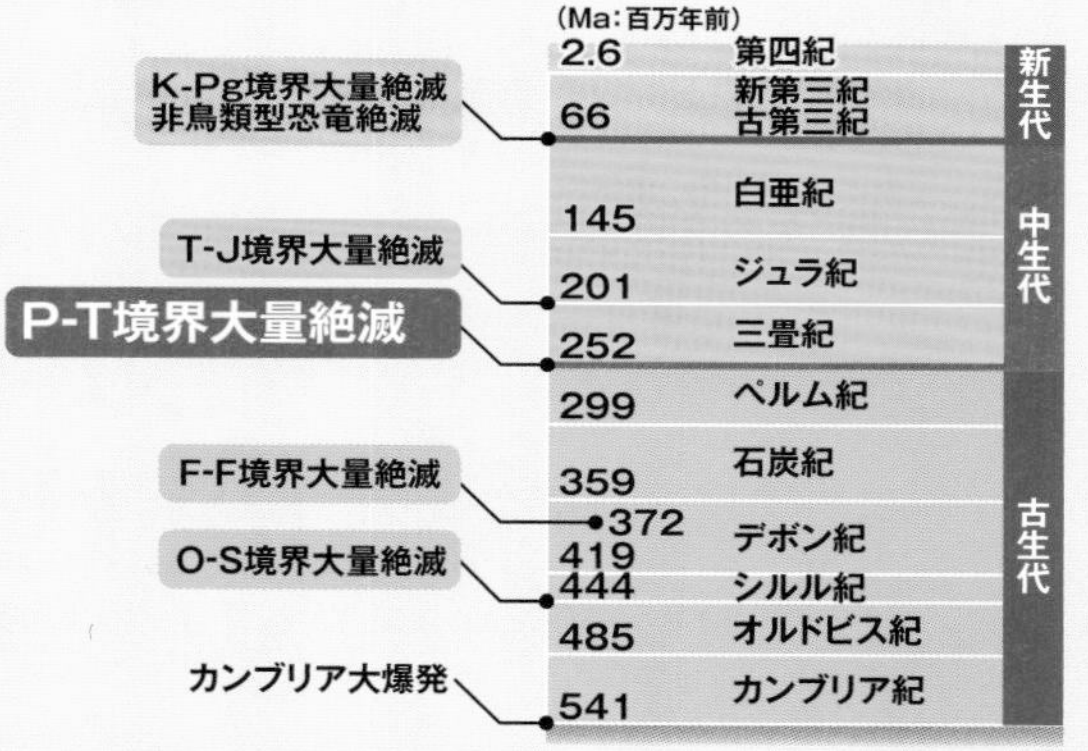

地層に記録されている大規模な大量絶滅は最大のP-T境界を含めて過去に5回知られている。

虫も繁栄しました。しかし、突然それら生物種の70パーセント、海中生物に限ると96パーセントが死滅してしまったのです。

大量絶滅の理由はまだわかっていませんが、当時の海水中の酸素濃度が2000万年間にわたって著しく少ない時代が続いた「海洋無酸素事件」が深く関わっていると考えられます。

岩泉町で見られるP—T境界では、灰色がかったチャート層と黒色をした有機質の泥岩層が接しているのが見られますが、この泥岩層が海洋無酸素事件を示す証拠です。

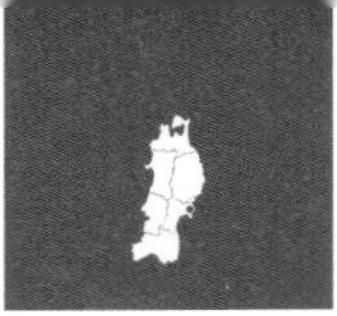

1.6億年前～
ジュラ紀
（中生代）

石巻一帯は地質の見本市!!

造山運動が生んだ牡鹿半島の褶曲構造

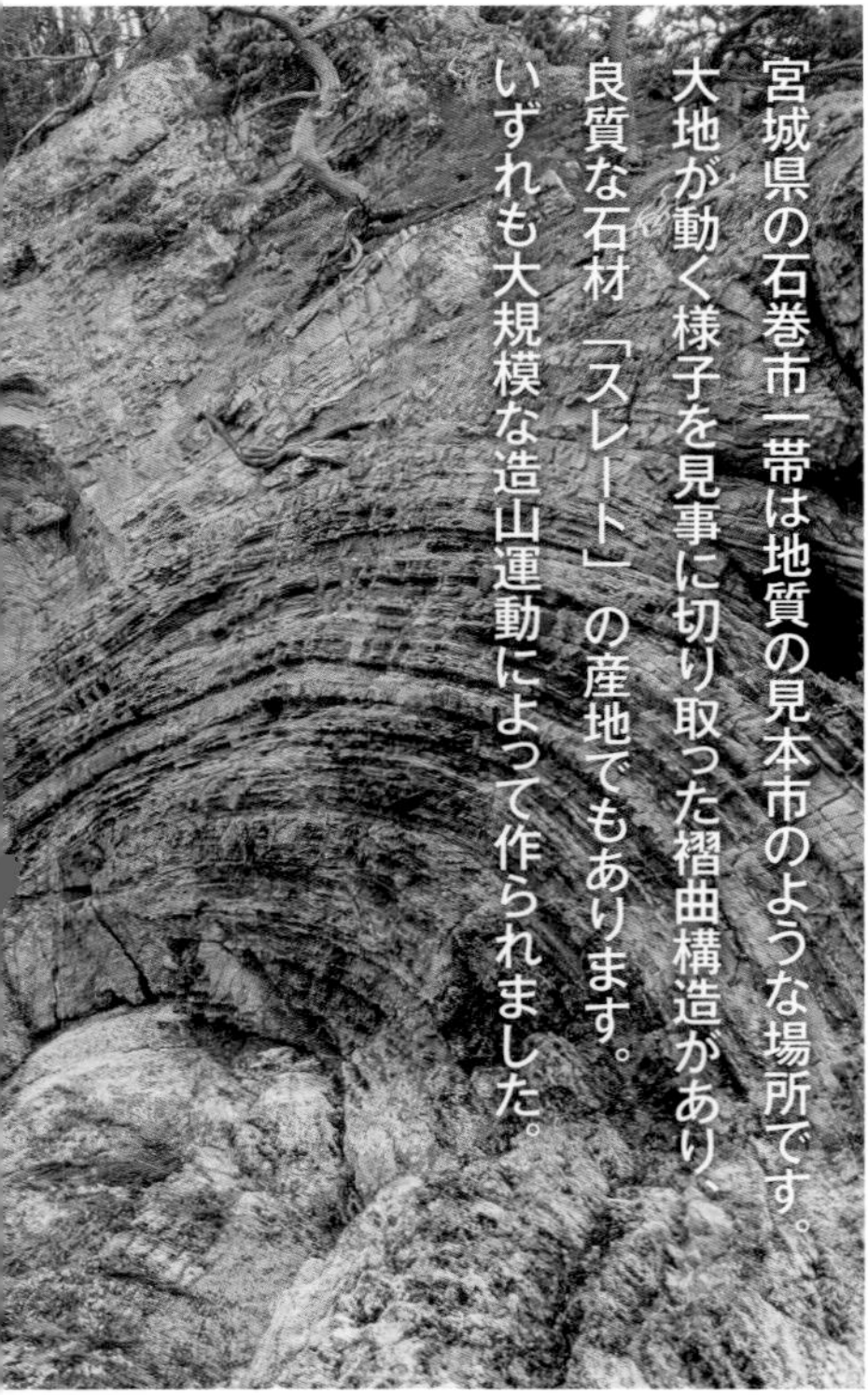

宮城県の石巻市一帯は地質の見本市のような場所です。大地が動く様子を見事に切り取った褶曲構造があり、良質な石材「スレート」の産地でもあります。いずれも大規模な造山運動によって作られました。

宮城県石巻市に位置する牡鹿《おしか》半島の西海岸には、地層がぐにゃりと曲がった「褶《しゅう》曲《きょく》構造《こうぞう》」が見られるスポットがあります。この褶曲構造は地殻変動で地層が横方向に圧縮されることでできます（図1）。

宮城県牡鹿半島の牧ノ崎海岸の「褶曲」。ジュラ紀の海底に堆積した砂岩泥岩互層が左右から押す力を受けた証拠である（©ALPINA/SEBUN PHOTO /amanaimages）

例えば、裁縫用のぬい針を力いっぱい曲げるとパキッと折れてしまうように、固い岩盤は圧縮されると曲がらずに折れて「断層」となります。一方、ぬい針を熱しながらゆっくり曲げるとグニャリと曲がります。つまり、褶曲構造ができるということは、ある程度温度の高い地下深部で圧縮の力が長時間働き、地層が極めてゆっくり曲がったと考えられるのです。

1 褶曲とスレートのでき方

へき開の生成 横方向からの圧縮力を受けて褶曲する

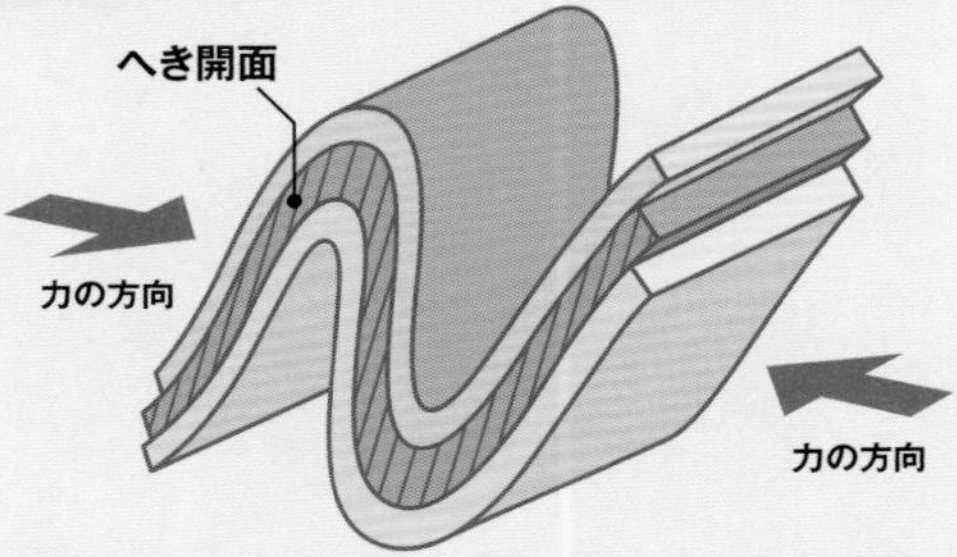

左右から圧縮力を受けた堆積層が褶曲して、へき開面が生じてスレートができる。へき開とは、岩石などである特定方向へ割れやすい性質のこと

褶曲構造から生まれる天然スレート

石巻周辺には「南部北上帯」と呼ばれる、古生代・中生代にできたとても古い時代の泥《でい》質岩《しつがん》の地層（62ページの岩井崎も同じ南部北上帯に属する石灰岩）が分布しています。褶曲構造は、白亜紀初期から中期にかけて、まだアジア大陸の一部だった頃の日本の東北地方で大規模な造山運動が起こり、南部北上帯に北西―南東方向の圧縮の力が加えられて作られました。

当時の造山運動によって、石巻市周辺は良質な天然スレートの産地となったのです。天然スレートは泥岩が弱い変成を受けて、決まった面に平行に割れやすくなった岩石で「粘板岩《ねんばんがん》」とも呼ばれます。スレートが特定の方向に沿って割れやすいのは、形成時に強い圧縮の力を受けて、岩石中の雲母《うんも》などのペラペラした面状の鉱物が再結晶し、同じ方向に配列し直すためです（図1）。

東京駅の屋根を葺く雄勝石

石巻市雄勝町《おがつ》で採れる「雄勝石」は黒く緻密で、薄く剥げやすいのが特徴で、東京駅丸の内側の屋根にも使われています。また、石巻市稲井町から採れる「稲井石」は、大材が取り出せるため、全国の記念碑によく使われます。

雄勝石はペルム紀後期、この一帯にあった海底に堆積した粘土や泥の地層であり、稲井石は三畳紀の海底に堆積した地層が、造山運動による圧縮の力を受けてできたものです。

２０１１年の東北地方太平洋沖地震とそれに伴う大津波で被災した雄勝地区では、津波で散らばったスレートを回収して、東京駅の屋根の葺《ふ》き替え工事に間に合わせたのでした。

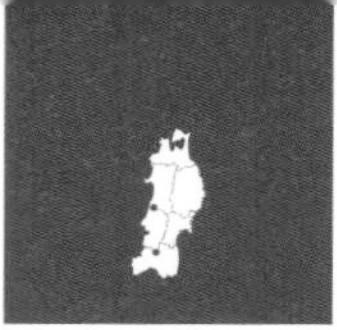

約70万年前～
第四紀
（新生代）

水蒸気爆発、山体崩壊、地震が作った

異景！ 磐梯山と鳥海山象潟の流れ山

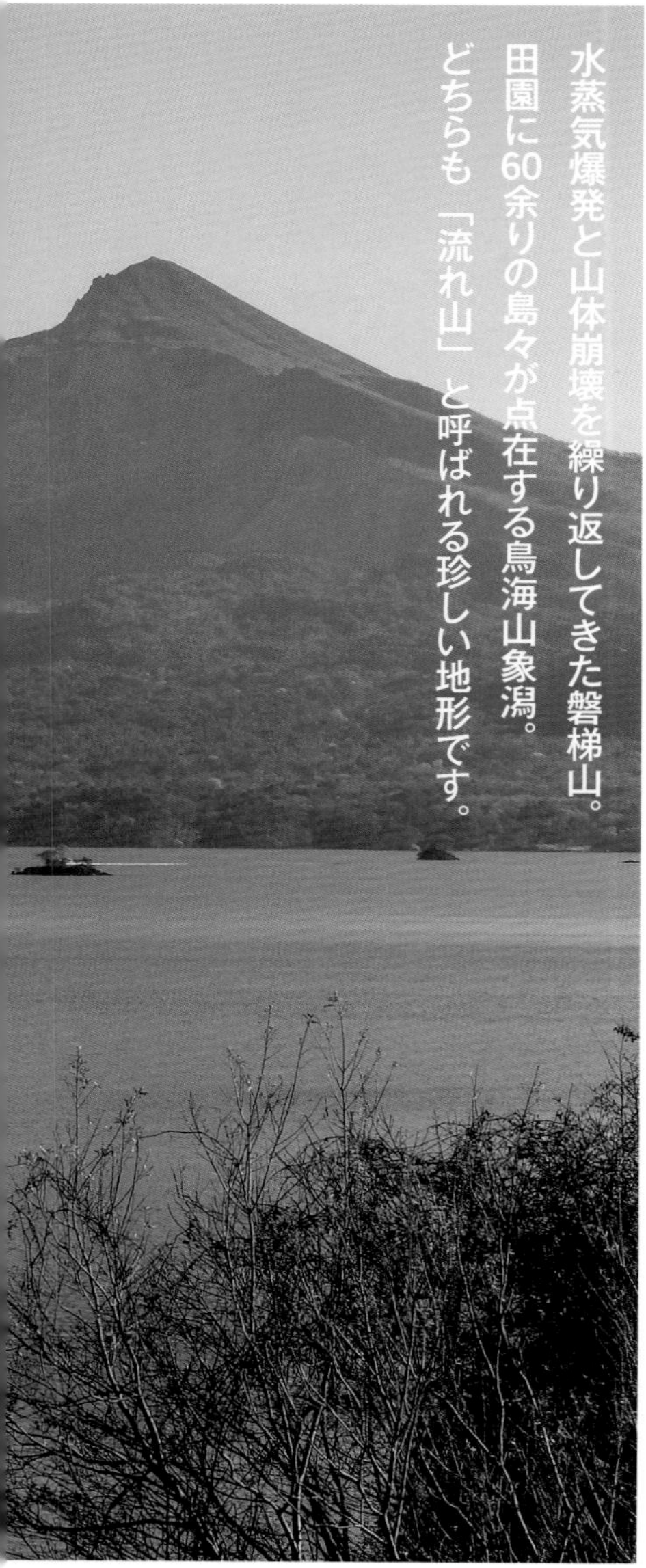

水蒸気爆発と山体崩壊を繰り返してきた磐梯山。
田園に60余りの島々が点在する鳥海山象潟。
どちらも「流れ山」と呼ばれる珍しい地形です。

桧原湖と磐梯山。磐梯山は、大磐梯（1816m）、櫛ヶ峰（1636m）、赤埴《あかはに》山《やま》（1430m）の3つから成る。大きくえぐられた山体が特徴的

磐梯山《ばんだいさん》は、福島県の中央部に位置する成層火山で、大磐梯、櫛《くし》ケ峰《がみね》、赤埴山《あかはにやま》の３つからなります。火山フロントより20キロメートル西側に位置し、中期更新世後半の70万年前には活動していたと考えられています。

磐梯山の特徴は、南から見ると比較的整った成層火山であるのに対し、北からだと大きくえぐられた、まったく違う様子の山体が見られることです。見る角度によって表情を変える磐梯山は、これまでに成長と崩壊を何度も繰り返してきました。

1つの山が消滅して3つの湖が誕生した

磐梯山の北側、大きくえぐられた地形は、火山の噴火によって山体が崩壊したカルデラです。一般的なカルデラはいびつな円形ですが、磐梯山の場合はU字型で馬の蹄《ひづめ》のかたちに似ていることから「馬蹄形《ばていけい》カルデラ」と呼ばれています。

これは１８８８年の噴火によってできた地形です。この噴火では、15〜20回ほどの水蒸気爆発の後、北側にあった小磐梯が崩壊し、土砂が「岩屑《がんせつ》なだれ」として北方向に流れてカルデラが形成されました（図１）。このように水蒸気爆発を起こし、山体

1 岩屑なだれと流れ山地形

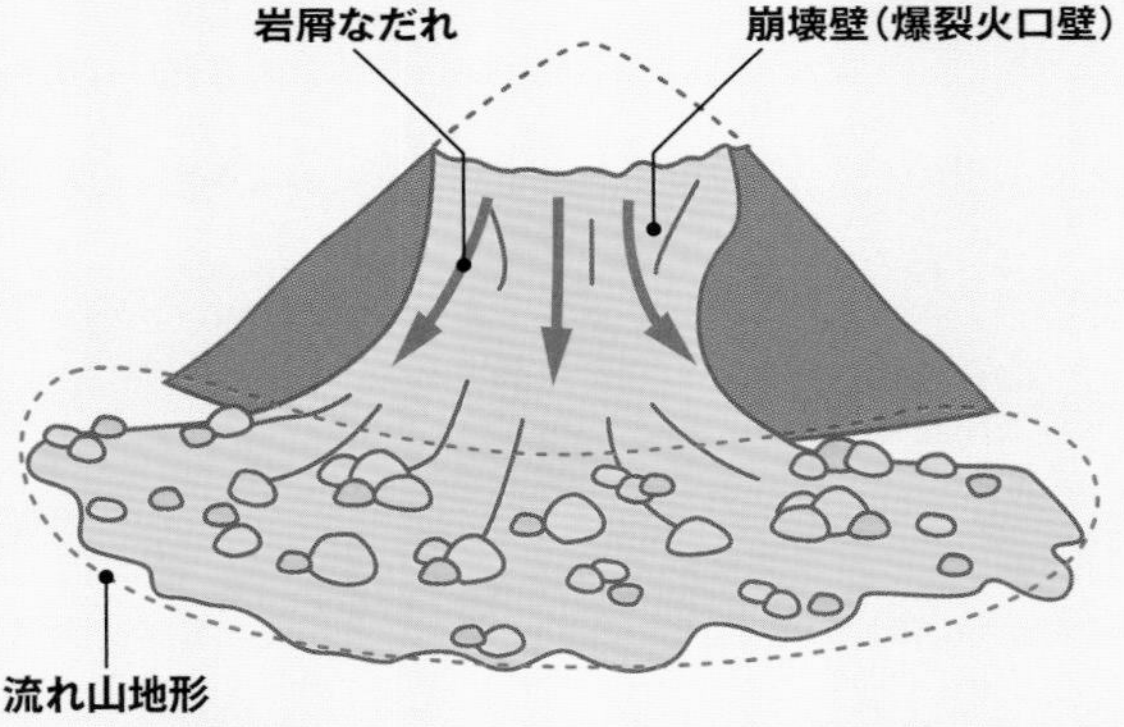

磐梯山は2度の噴火により山が崩れて岩屑なだれを起こし、現在の独特な姿となった（出典：磐梯山ジオパーク協議会の図をもとに作成）

崩壊を引き起こす噴火様式を「磐梯式噴火」と呼びます。

7月15日午前7時45分に始まった同噴火はわずか数時間で収束する小規模なものでしたが、被害は甚大でした。岩屑なだれが時速45〜77キロメートルという自動車並みの速さで山麓の集落を直撃し、5村11集落が埋まったのです。この岩屑なだれが堆積した北麓には、比高《ひこう》数十メートルの丘がいくつも作られました。このようにできた丘を「流れ山」と呼びます。

岩屑なだれが川を堰《せ》き止め、五色沼《ごしきぬま》などの湖沼地域が作られました。同様に岩

1888年の磐梯山噴火に伴う岩屑なだれによって運ばれた「見祢《みね》の大石」。大きさは長さ8.2m、高さ3.1mほど

屑なだれが、磐梯山の南にある猪苗代湖《いなわしろこ》に注ぐ長瀬川を堰き止めたために、磐梯山北側に桧原湖《ひばらこ》、小野川湖、秋元湖を生み出したのです。

鳥海山の噴火が生み出した流れ山地形「象潟」

秋田県にかほ市にある象潟《きさかた》も、火山の噴火が作り出した流れ山地形です。現在は平地にポコポコといくつもの丘が点在していますが、江戸時代までは、海岸にできた湖「潟湖《せきこ》（ラグーン）」の中に松が生い茂ったいくつもの島が浮かぶ風景が見られ、「八十八潟・九十九島」と呼ばれました。その風光明媚な様子を松尾芭蕉は1702年の『奥の細道』で、「松島は笑ふが如《ごと》く、象潟は憾《うら》むが如

天然記念物「象潟」九十九島から鳥海山を望む。山麓の田園には60余りの島々が点在している（提供：鳥海山・飛鳥ジオパーク推進協議会）

し」と評しました。

1804年に発生した象潟地震によって地盤が隆起して潟湖は陸地となりましたが、いまでも景勝地として天然記念物に指定されています。

この流れ山地形は約2500年前（紀元前466年）、南東に位置する鳥海山の爆発的噴火で作られました。この噴火で山頂部が崩壊して馬蹄形カルデラを作り、崩壊した部分が岩屑なだれとなり日本海まで達したのです。

岩屑なだれは海底を埋め立てて浅海を広げ、いくつもの島（流れ山）ができました。やがて堆積作用によって浅海を砂州が仕切って潟湖ができ上がりました。その地形が象潟という名称の由来であり、芭蕉が見た景色だったのです。

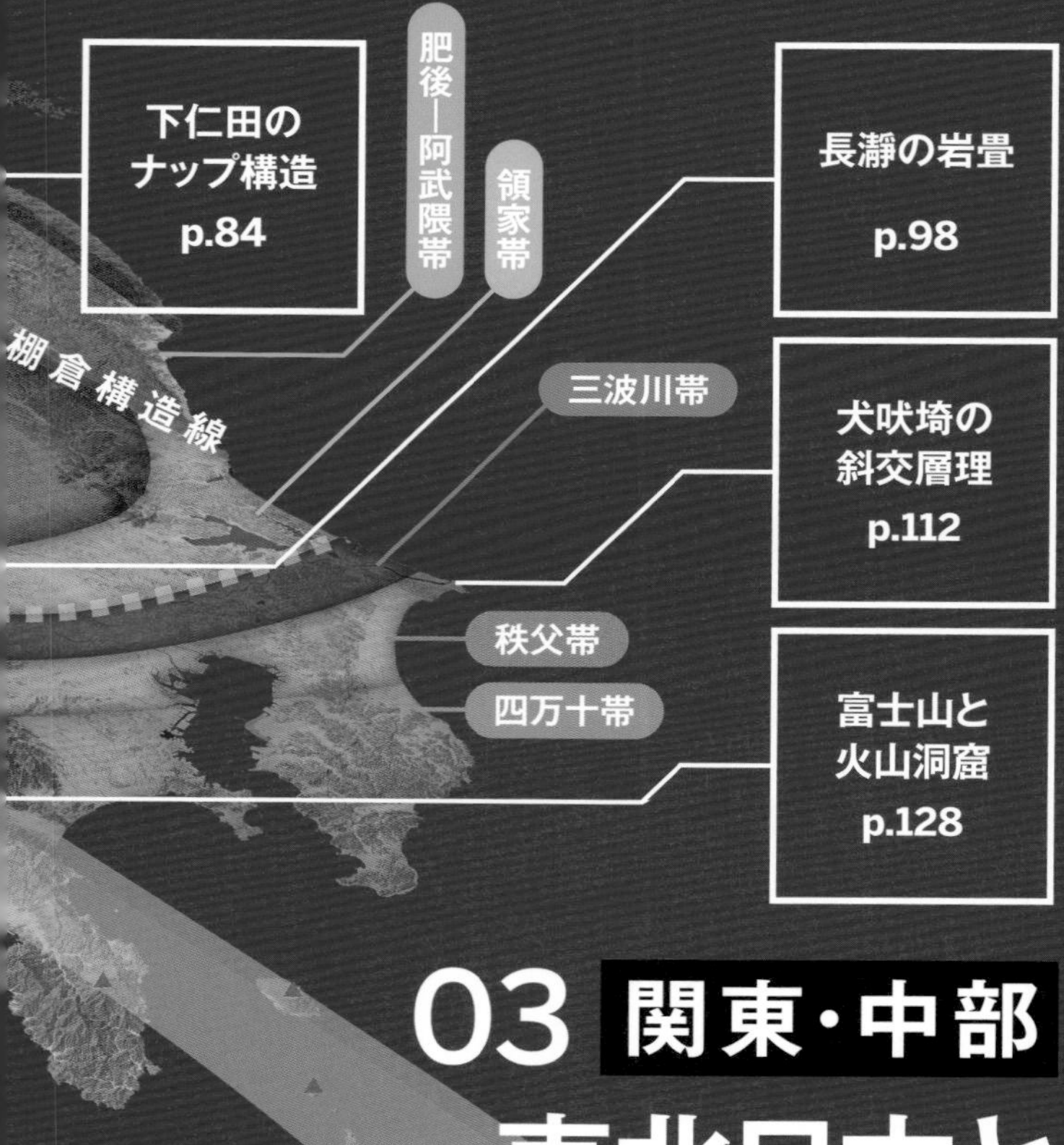

03 関東・中部

東北日本と西南日本の接合点

大陸的な要素の濃い飛騨帯が特徴的な関東・中部地方。
広範囲におよぶジュラ紀付加体では恐竜化石が産出し、
折れ曲がった中央構造線は伊豆半島の衝突の証です。
火山が列をなすフォッサマグナは謎多き存在です。

Point ② 日本最古の鉱物発見! p.136
Point ① 中央構造線が曲がっている! p.111
秋吉帯+舞鶴帯
飛騨外縁帯
飛騨—隠岐帯
火山フロント
糸魚川—静岡構造線
三者三様の日本アルプス p.120
中央構造線
丹波—美濃—足尾帯
中央構造線の安康露頭 p.106
美濃帯の層状チャート p.92

富山の飛騨帯から産出した日本最古の鉱物ジルコン

関東・中部地方の形成史の中で重要なポイントは3つあります。

1つ目は、大陸的な要素の濃い飛騨帯です。飛騨帯は、能登半島や金沢を含む日本海に面した北陸の地体で、日本海がまだなかった時代の大陸的な要素が断片的に残っています。これは、大陸起源の礫《れき》や鉱物が海から流れてきたものです。富山県黒部市の宇奈月《うなづき》温泉周辺にある花崗岩《かこうがん》からは、日本最古のジルコンという鉱物（約37・5億年前）が見つかっています。

2つ目のポイントは、中央構造線を境とした地体構造です。西南日本にも通じる中央構造線を境として、北側を西南日本内帯、南側を西南日本外帯と呼びます。同様の地体構造は四国・中国地方にも存在していますが、特にジュラ紀付加体である丹波—美濃—足尾帯が一番広く分布しているところに、関東・中部地方の特徴があります。

中央構造線の北側にはジュラ紀の付加体が熱い花崗岩で焼かれた領家《りょうけ》帯があり、中央構造線を挟んで三波川《さんばがわ》帯、秩父帯、四万十帯と並んでいます。これらはすべて、もともと海底にあった付加体の堆積物が隆起して陸地になったものです。

中央構造線が「ハの字」になっているのは、1500万年前以降の伊豆―小笠原島弧の衝突により、北西方向に押されて曲がったためだと考えられています。

フォッサマグナの謎 東側境界線はどこに?

3つ目のポイントがフォッサマグナです。基盤岩が深さ6000メートルほど落ち込み、その上に新しい堆積物が乗っている、「大きな溝」という意味のフォッサマグナ。地表では直接目にすることはできない地質構造です。

フォッサマグナの中には、富士山や八ヶ岳《やつがたけ》など南北方向に火山が列をなしています。これは、フォッサマグナが落ち込んだ時にできた地下深くの断層を通り、マグマが上昇しているからだと考えられています。

フォッサマグナの西側の境界線は糸魚川―静岡構造線ですが、東側はよくわかっておらず、利根川沿いの利根川構造線と呼ばれる断層が近年注目されています。

東北日本と西南日本の接合部にある関東・中部地方は、複雑な地質なのです。

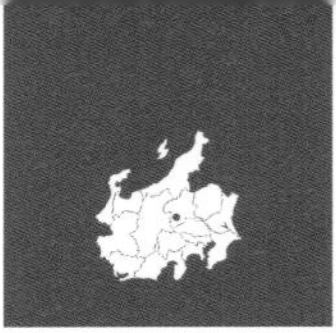

8000万年前～
白亜紀
（中生代）

地殻の圧縮で逆転した〃根無し山〃の断層

列島成立を物語る 下仁田の「ナップ構造」

下仁田の山々は地元で「根無し山」と呼ばれ、山の根っこの部分と上部の山体が違う岩石から成ります。水平な断層を挟んで下のほうが新しい時代を示す逆転現象「ナップ構造」から、日本列島形成史に迫ります。

下仁田町の東部大橋から見える3つの山。これらはすべて、鏑川《かぶらがわ》沿いに露出している下の緑色岩の上に、水平に近い断層を境にして、まったく異なる場所でできたより古い岩石や地層が乗っている

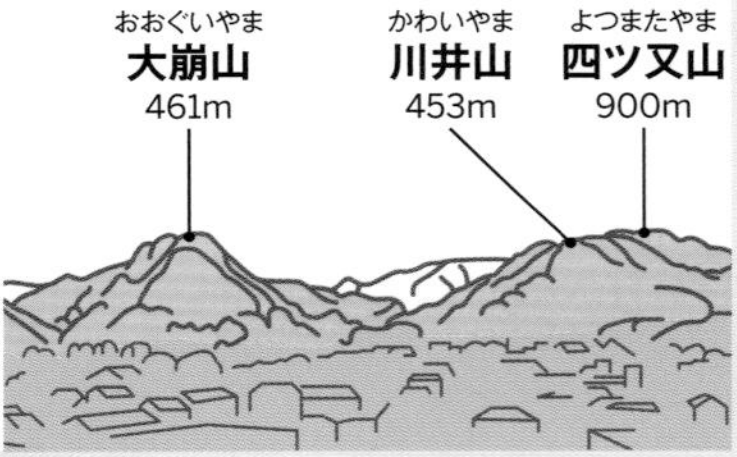

ピンク色で示した白亜紀の地層（鎌抜山〜大崩山）、白亜紀前期の花崗岩·変成岩（四ツ又山）、ペルム紀の石英閃緑岩など（富士山、川井山）がナップとして移動してきて、その下の白亜紀後期の御荷鉾緑色岩に押し被さった（出典：ジオパーク下仁田協議会の図をもとに作成）

群馬県下仁田町《しもにたまち》の中心街から南方向を望むと、富士《ふじ》山《やま》、鎌抜山《かまぬきやま》、大山、御嶽《おんたけ》、大崩山《おおぐいやま》、川井山、四ツ又山が見えます。これらの山々は「根無し山」と呼ばれ、山の部分と根っこの部分は異なる岩石や地層からできています（図1）。

山の根っこの部分であるこの地域の地盤は、1億年前〜8000万年前（白亜紀後期）に海底の玄武岩類が高い圧力を受けてできた変成岩「緑色岩」です。

一方、山の部分を占めるのは、白亜紀前期（1億3000万年前）の海の地層「跡倉層《あとくらそう》」とペルム紀（約2億7000万年前）の火成岩です。この火成岩は花崗岩の一種で、マグマが地下深くでゆっくりと冷え固まってできた「石英閃緑岩《せきえいせんりょくがん》」です。

下仁田では、不思議なことに、山の下の岩石のほう

1 根無し山の分布

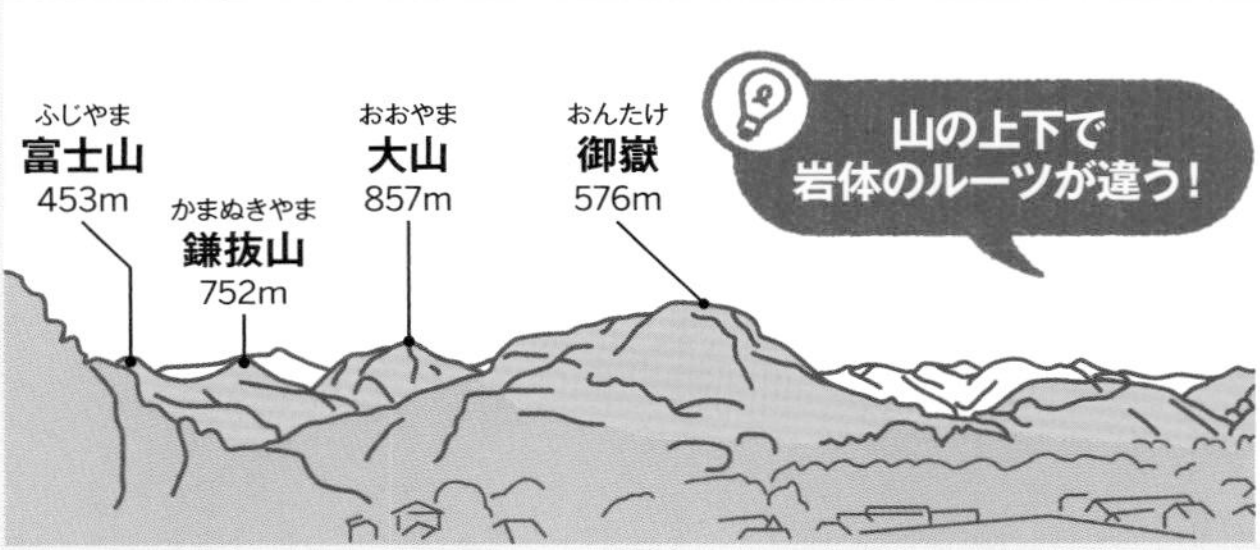

が新しいという〝逆転現象〟が起きています。

珍しい地質構造「クリッペ」

逆転現象が見られる下仁田の山々は、いったいどのようにできたのでしょうか。町内を流れる青倉川の岸には、ほぼ水平な断層が見られるスポットがいくつもあります。

断層の上盤《うわばん》は跡倉層、下盤《したばん》は緑色岩で断層面の岩石はボロボロに砕けています。このように、浅い角度で下盤の上に上盤がずり上がった状態の断層を「衝上《しょうじょう》断層《だんそう》」といい、さらに上盤が水平に近い角度で押し被さった、移動距離が数キロメートルを超える断層を「押し被せ断層」と呼びます。

写真（次ページ）の青倉川の露頭では、押し被さっ

跡倉押し被せ断層。断層を境にして下が御荷鉾緑色岩で、上がナップ（クリッペ）を構成する跡倉層

ている上盤（跡倉層）底の断層面に沿って同じ向きの直線状の擦り傷も見ることができます。これらは根無し山を作る跡倉層の大きな岩体が移動してきて、まるで敷布団の上で引きずられる掛け布団のように、緑色岩の上をずれ動いた証拠です。

このように、本来別の場所にあるはずの地層や岩体が衝上断層や押し被せ断層によって乗り上げた構造を「ナップ」と呼びます（図2）。ナップが雨などで侵食されて上盤が山の上に取り残されたものを「クリッペ」と呼び、これが根無し山です。

ナップは、地殻変動による水平方向の圧縮によってできる地質構造で、その中でも褶曲と衝上断層の2つのタイプがあります。下仁田地域では押し被せ断層と、横倒しになった褶曲（横《おう》臥《が》褶曲）が発達しています（図3）。

実は、この地域のナップは1つだけではありません。白亜紀前期の岩体のナップの上位に、それより古い時代であるペルム

2 ナップ、クリッペのでき方

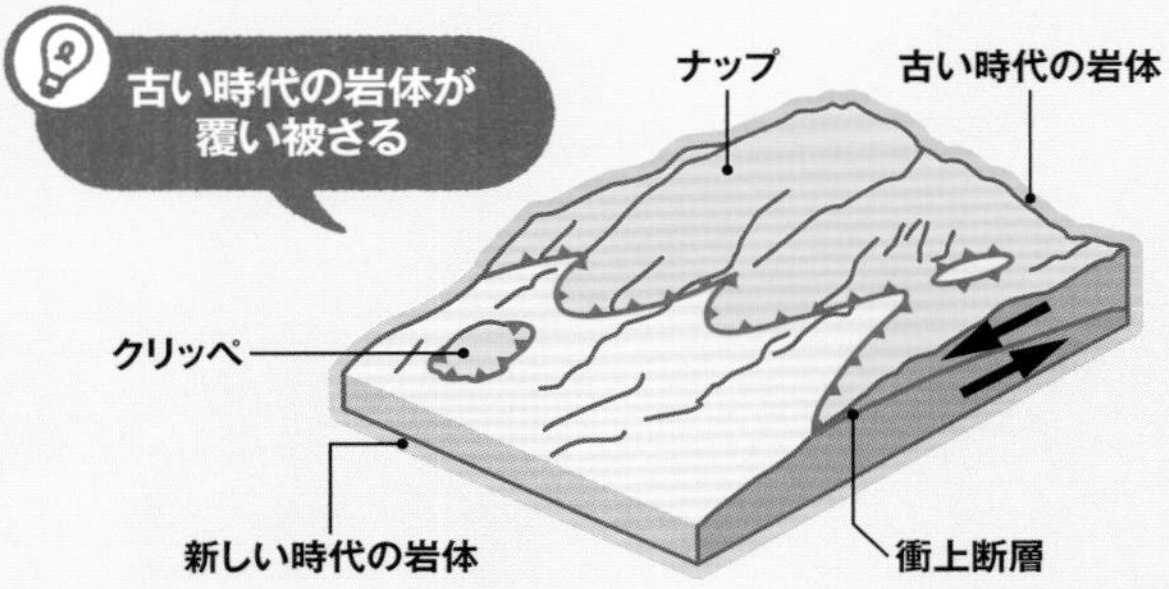

通常は下にあるはずの古い時代の岩体が、衝上断層や押し被せ断層（図3）により、新しい時代の岩体の上を覆った広がりのある岩体を「ナップ」という。そのナップが侵食されると、山の上など高いところに古い時代の岩体が取り残された「クリッペ」になる（出典：産総研地質調査総合センターウェブサイト https://gbank.gsj.jp/geowords/picture/illust/nappe.htmlの図をもとに作成）

紀の岩体のナップが乗っています。つまり、下仁田地域には緑色岩を基盤として二重のナップが存在しているのです。これらのナップは、かつて御荷鉾《みかぶ》帯と領家帯（図3）との間に挟まれていた岩体で、強い力で絞り出されるように、緑色岩に押し被さったと考えられています。

この現象が起きたのは白亜紀後期より後の、５０００万年前頃の可能性が高いようです。この頃、太平洋プレートの移動方向が現在のように西向きに変化し、地殻を圧縮する力が大きくなったと考えられるからです。この時、２キロメートル四方の地層が強く圧縮されて横臥褶曲

3 褶曲、横臥褶曲、衝上断層のでき方

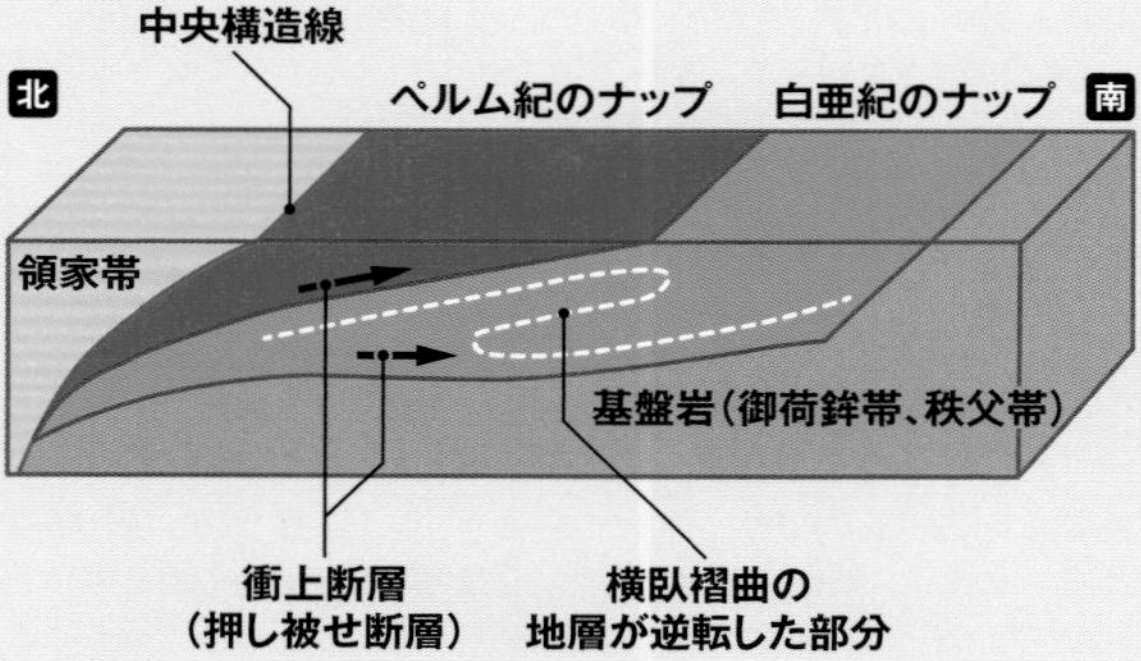

地層に対して横からの力が働き続けることで地層が曲がり、最終的に古い岩体がのし上がる

構造ができ、下に新しい地層があるという逆転現象が見られるようになりました。

緑色岩は海底での巨大噴火の産物

下仁田の山々の基盤となっている緑色岩は、「御荷鉾《みかぶ》緑色岩《りょくしょくがん》」と呼ばれ、関東から四国まで分布しています。

これは1億5000万年前に日本のはるか南方の海底で起こった大規模な火山活動でできた、玄武岩からなる巨大な台地（海台《かいだい》）や、台地が崩れて堆積したものがもとになっています。これらがプレートに乗り、当時のアジア大陸東縁に付加した後、地下深部までもぐり込んで高い圧力で変成し、緑色になったのです。

火山岩と雨が作ったゴツゴツ山の妙義山

下仁田町の北に位置する妙義山《みょうぎさん》は、何枚もの壁がそり立ったようなゴツゴツしたかたちをしています。一見、クリッペ群と似ていますが、でき方は異なります。妙義山は600万年前に噴火した火山で、その山体は主に火山岩が砕けてできた礫と火山灰が固結した「凝灰角礫岩《ぎょうかいかくれきがん》」です。凝灰角礫岩が長い期間雨に侵食されて尖《とが》ったかたちが作られました。妙義山と異なり、340万年前に溶岩を流出した荒船山《あらふねやま》のメサ地形も印象的です。

クリッペなどと並び日本三大奇勝の1つ妙義山（火山）の石門も人気のエリア（提供：ジオパーク下仁田協議会）

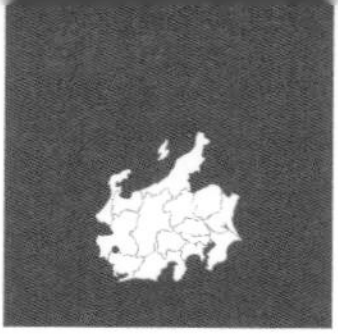

2億年前〜
三畳紀-ジュラ紀
（中生代）

放散虫の堆積に見る悠久の時間

深海起源の美濃帯の層状チャート

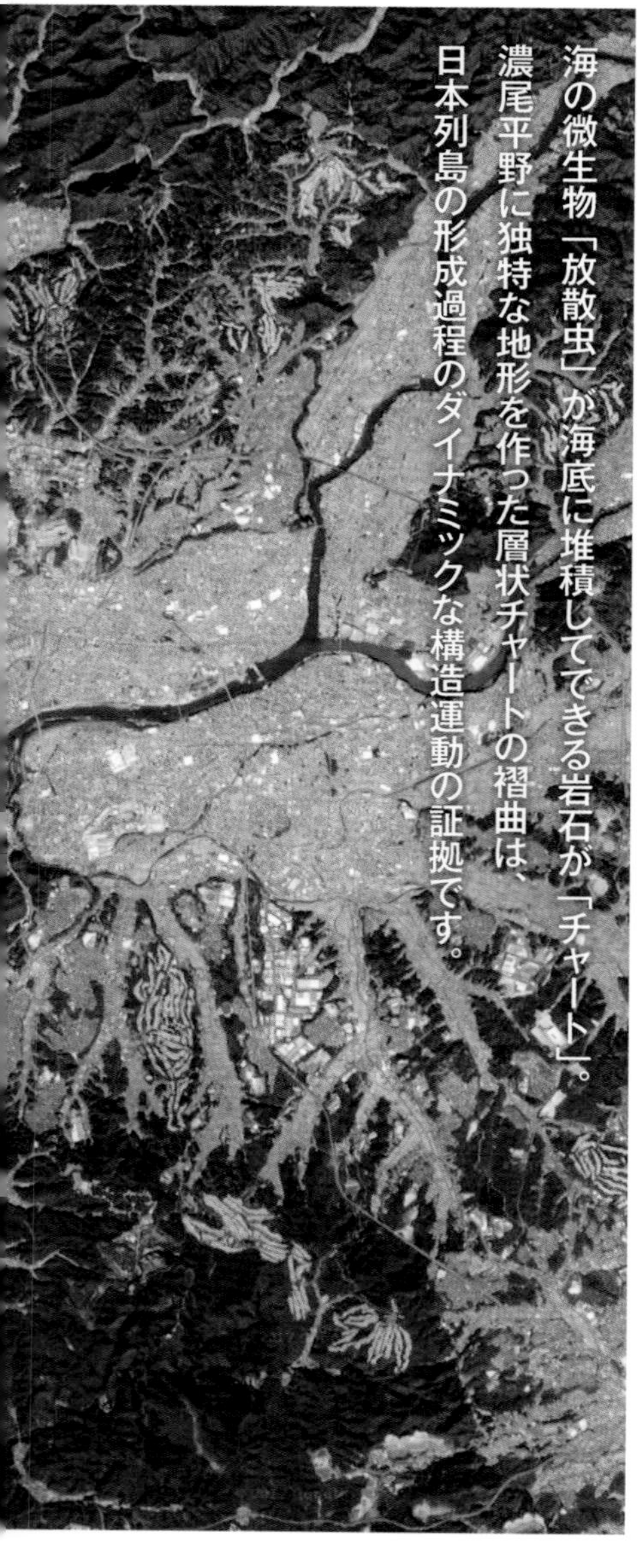

海の微生物「放散虫」が海底に堆積してできる岩石が「チャート」。濃尾平野に独特な地形を作った層状チャートの褶曲は、日本列島の形成過程のダイナミックな構造運動の証拠です。

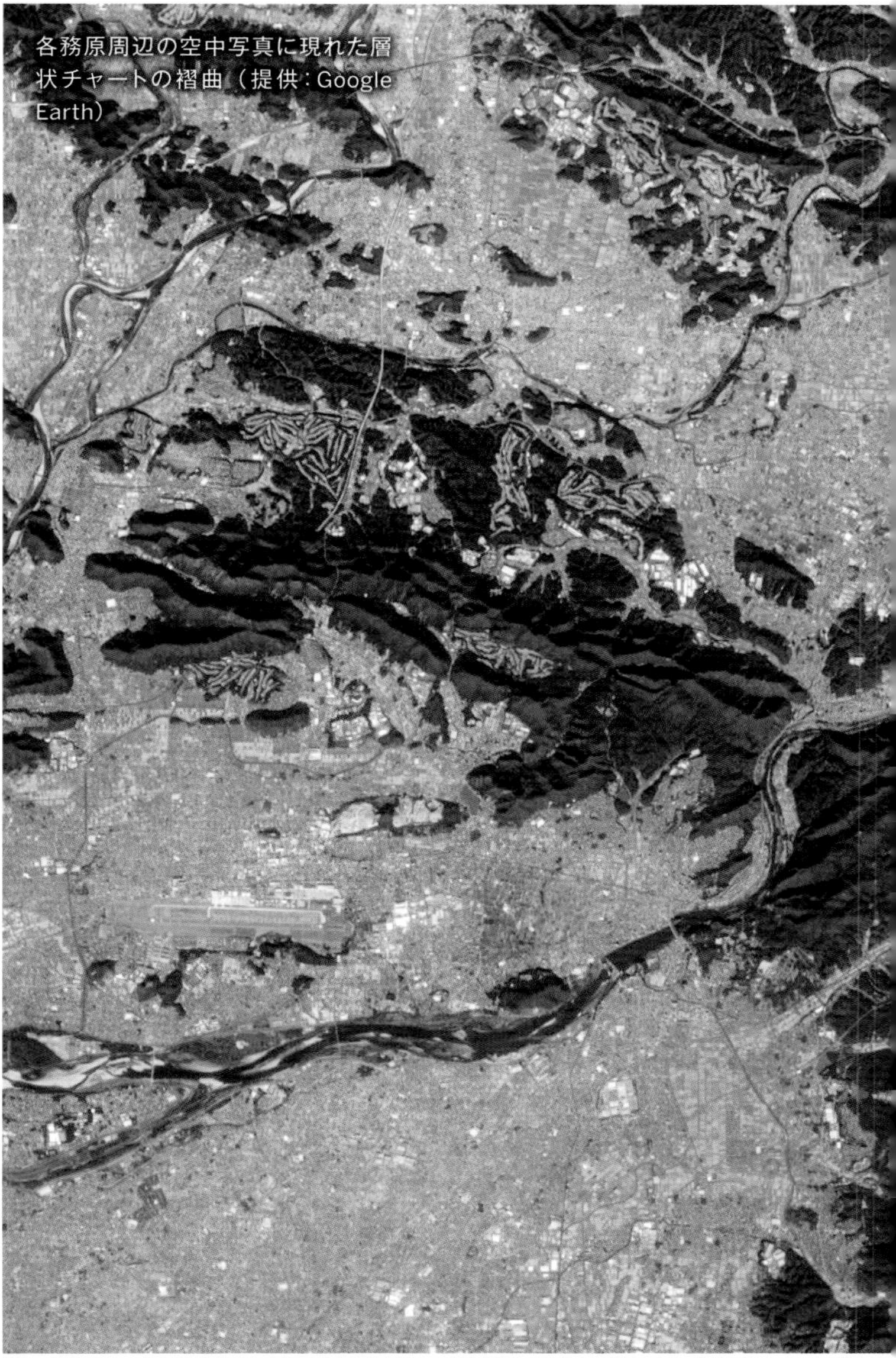
各務原周辺の空中写真に現れた層状チャートの褶曲（提供：Google Earth）

岐阜県各務原市を流れる木曽川沿いで見られる、美濃帯の赤色層状チャートの褶曲

岐阜県南部、各務原《かかみがはら》市を流れる木曽川沿いでは、赤色や緑色、黒色の鮮やかな層状チャートの地層を見ることができます。この層状チャートが実は、過去の海の環境を知る重要な手がかりとなっているのです。

チャートは、若干透明感のある岩石で縞《しま》模様が入ることもあります。庭石や玉砂利などによく使われるので、一度は目にしたことがあるでしょう。非常に硬いことから、かつては火打ち石として使われていました。

チャートは放散虫《ほうさんちゅう》というプランクトンの遺骸が海底に沈積し、長い時間をかけて作られた堆積岩の一種（図1）。放散虫の殻は主に二酸化ケイ素からなる石英質なので、チャー

1 海洋プレート層序と付加体ができるまで

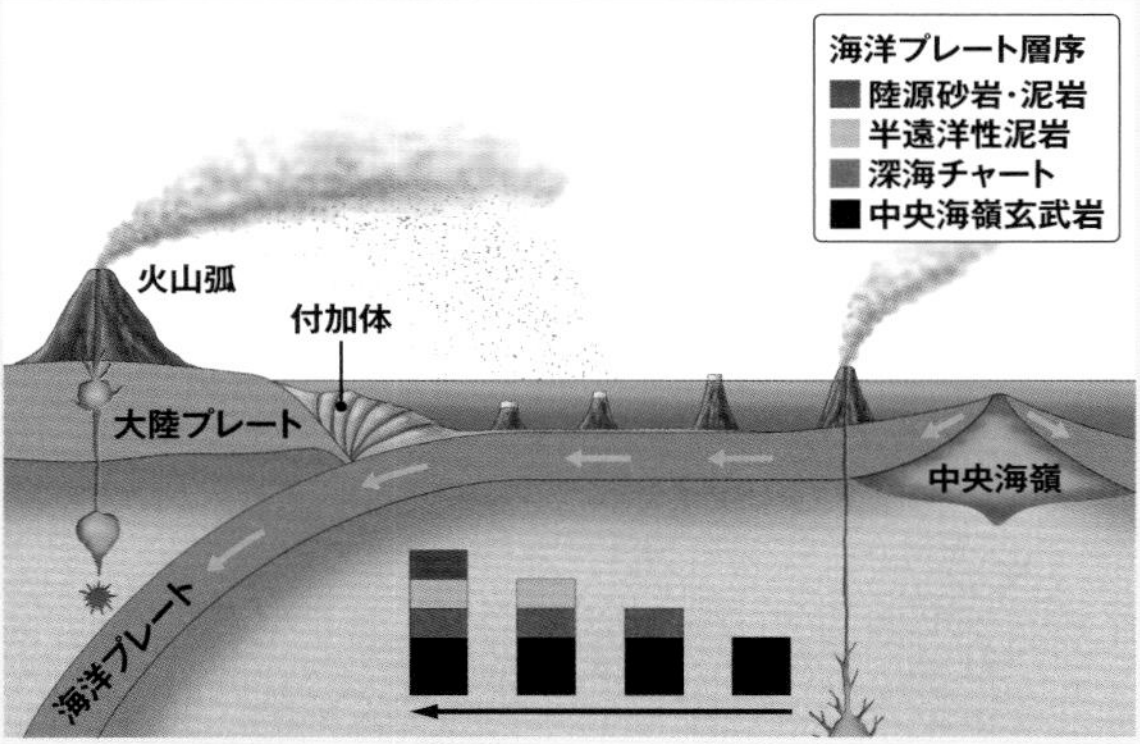

日本列島を形成するチャートは、太平洋プレートを形成する深海底に堆積した放散虫化石からなる「深海チャート」を起源に持つ。プレートの運動により大陸地殻の縁辺部に付加され「付加体」となり、その後、日本列島の一部となった。なお、海洋プレートの厚さは50〜100kmあるので、実際は、陸上の火山に比べてかなり厚い（イラスト：マカベアキオ）

トは非常に硬くなるのです。

チャートを調べて古環境を読み解く

各務原市の露頭に見られるようにチャートが層を成すのは、チャートの中に薄い粘土岩層が挟まっているためです。粘土岩層が作られたのは放散虫の数が激減した時だと考えられています。つまり、放散虫が大量に生息している時期と激減する時期を繰り返して層状チャートが形成されたのです。

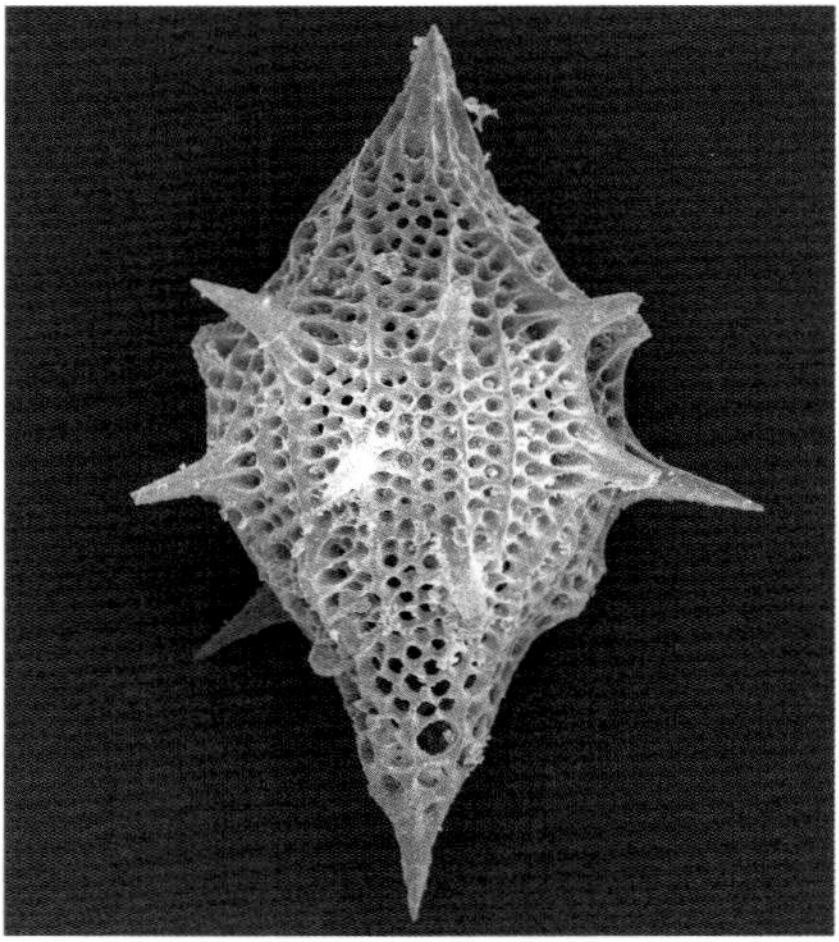

美濃帯のチャートから産出した放散虫化石の一種
（提供：堀 利栄氏）

またその色も重要な手がかりとなります。チャートが赤色をしていれば、当時の海水は酸素が豊富な酸化的環境であったことを示し、黒色や緑色をしていれば逆に酸欠状態の還元的環境だったことを示します。

宇宙から降り注ぐチリ「宇《う》宙《ちゅう》塵《じん》」を使った測定では、チャートと粘土岩の1セットが堆積するのに2万年ほどかかったことがわかっています。

チャートが作り出す急峻な「つ」の字地形

各務原市の北部は、写真（93ページ）の中央にあるように「つ」の字型の尾根に囲まれており、周辺にも似たかたちの急峻な尾根がいくつか見られます。この地形の成因には、チャートの硬さが関係しています。

飛騨山脈から美濃地域には広く「美濃帯」が分布し、先に述べた層状チャートもこの地層群の一部です。美濃帯は、ペルム紀からジュラ紀にかけて海底に堆積した岩石がジュラ紀に付加してできた付加体であり、チャートの他に泥岩や砂岩の地層も含みます（図1）。

美濃帯の地層はプレート運動によって陸側へ押し寄せられるうちに横倒しになって褶曲し、西に開いた「つ」の字型構造（西に沈下した向斜構造）をいくつも作りました。これが侵食されると、硬いチャート層は残って鋭い峰となり、軟らかい泥岩や砂岩層は低地となりました。

各務原市の市街地は、このように泥岩や砂岩層が侵食されて、さらに川が土砂を運搬してできた平たい低地に位置しています。また、難攻不落の城とされた岐阜市の岐阜城は、チャート層から成る金華山の山頂に建っています。

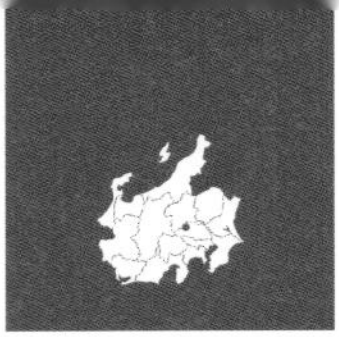

8000万年前～
白亜紀
（中生代）

パイ生地みたいな三波川変成岩

白亜紀の変成岩が隆起した長瀞の岩畳

埼玉の秩父は「日本地質学発祥の地」として知られています。景勝地でもある長瀞の岩畳は「地球の窓」と称され、宮沢賢治をはじめ、名だたる地質学者が訪れました。岩畳を作る「結晶片岩」から何がわかるのでしょうか。

長瀞の岩畳（手前）と、荒川の対岸に見える「秩父赤壁」。断崖は、三波川帯が隆起した際にできた断層を荒川が削ったもの（提供：長瀞町）

宮沢賢治（右）と盛岡高等農林学校の後輩である保阪嘉内の歌碑の後ろに見えるのが、秩父を代表する大露頭「ようばけ」（提供：秩父まるごとジオパーク推進協議会）

埼玉県秩父郡長瀞《ながとろ》町では、荒川に沿って幅約50メートル、長さ約600メートル続く岩畳が見られます。国指定の名勝・天然記念物に指定されており、多くの観光客が訪れています。

その模様から、マグマが流れ下ってできたようにも見えますが、実際には地下深くの〝低温高圧〟下で変成してできた「結晶片岩」が地上に顔を出したものです。結晶片岩は薄くパイ生地のように、ほぼ水平に剥がれやすいために、川の侵食で上部が剥ぎ取られてこのような造形になりました。

結晶片岩が作る景色を見にくるのは観

光客ばかりではありません。明治時代から、結晶片岩を求めて数々の地質学者がこの地を訪れ、調査と研究を重ねました。1921年には、「鑛物《こうぶつ》植物標本陳列所」が開設され、現在の「埼玉県立自然の博物館」に受け継がれています。

1916年には、地質学および鉱物学に関する深い知識を身につけていたという宮沢賢治も訪れており、結晶片岩について詠んだ短歌の歌碑が川原への下り口にあります。

「つくづくと　粋なもやうの　博多帯　荒川ぎしの　片岩のいろ」

長瀞の岩畳の岩石の他にも、黒っぽい泥質片岩や緑がかった緑色片岩など、さまざまな結晶片岩が見られることから、長瀞は「地球の窓」とも呼ばれています。ではなぜ、長瀞付近でさまざまな結晶片岩が見られるのでしょうか。

三波川帯が地質的に重要な理由

日本列島の基盤となる地層群の1つとして「三波川帯《さんばがわ》」があります。三波川帯は秩父を含む関東山地から、赤石山脈、紀伊半島、四国、九州西部まで900キロメート

1 三波川帯のでき方

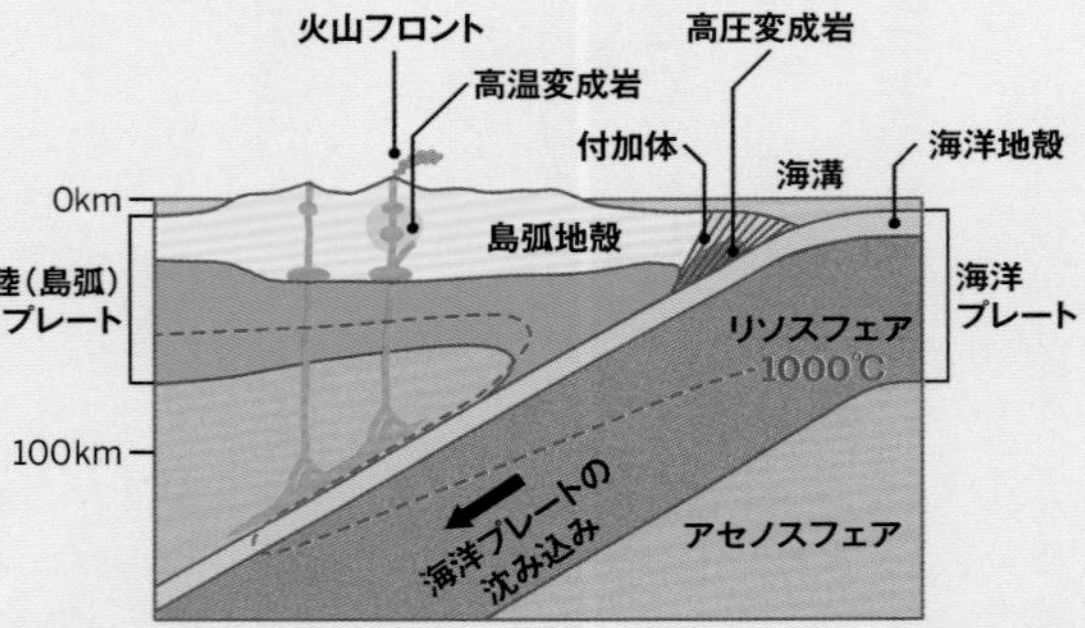

高圧変成岩が三波川変成岩、高温変成岩が領家変成岩に相当する。マグマの発生は、プレート上面が100kmほどもぐった境界面沿いで、もぐった岩石の脱水による融点低下で起こる

ル以上にわたって帯状に分布する地帯で、白亜紀にできた付加体が地中15〜30キロメートルの深さまで引きずり込まれ、後に隆起したものです（図1）。

三波川帯の前身である白亜紀の付加体に含まれていたのは、玄武岩質の岩石やチャート、泥岩や砂岩でした。

地球の地下は深くなるほど高温高圧になるので、これらの岩石が地下深くにもぐり、圧縮力を受けながら中に含まれる鉱物が面状に配列する、つまり、「再結晶」したことにより、岩石が「片状」に剥がれやすい構造を持つのです。黒色や緑色の他、白色やピンク色などさまざまな色の結晶片岩が作られるのは、

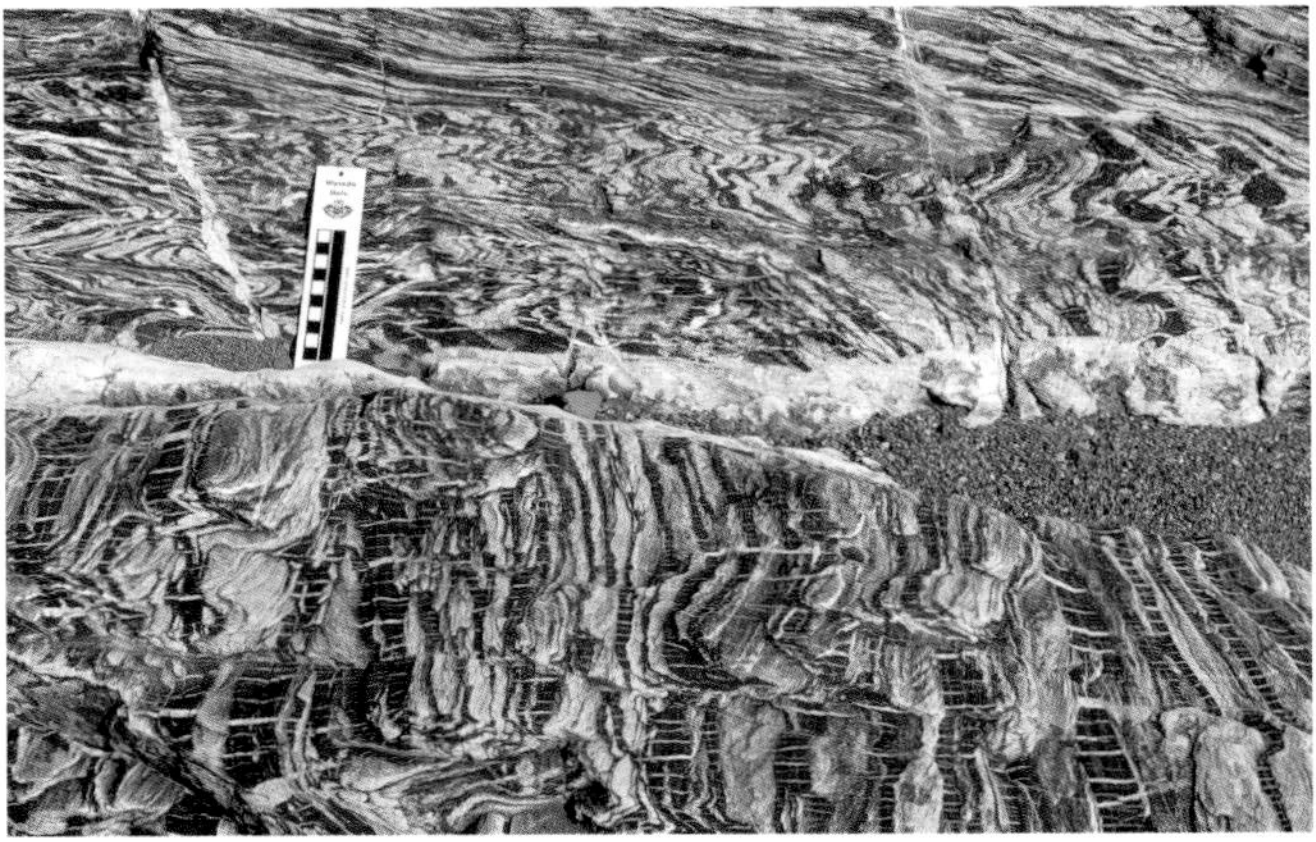
長瀞の「虎岩」。低温高圧で変成を受けた結晶片岩で「スティルプノメレン」という暗褐色の鉱物が多い部分と、方解石が多い白い部分が層を成し、褶曲している

変成作用を受ける前の岩石の種類がそれぞれ違うからです。

長瀞は、この三波川帯がきれいに露出しているスポットであるために、さまざまな種類の結晶片岩を見ることができます。

結晶片岩の1つ「虎岩《とらいわ》」は、その模様が虎の毛皮のように見えるのが名称の由来。白色の方解石《ほうかいせき》の部分と、「スティルプノメレン」という暗褐色の鉱物が多い部分が層を成しています。

岩畳の対岸には、荒川沿い数百メートルにわたって高さ50メートル以上の断崖が見られます。これは、三波川帯が隆起した時に生じた断層を川が削ることで形成されたものだと

比較的なだらかな山容を持つ山々に囲まれた秩父盆地の街並みと河成段丘。平らな段丘面に建物が建ち並び、急斜面の段丘崖に木々が生い茂っている（提供：秩父まるごとジオパーク推進協議会）

されています。この断崖は「秩父赤壁《せきへき》」と呼ばれています。その由来は、夕陽を浴びて赤く染まる様子が『三国志』に登場する古戦場「長江赤壁」を彷彿《ほうふつ》とさせるからだとされており、岩石自体が赤いわけではありません。かつては近くの宝登山《ほどさん》への参拝客が、この岩畳で月見をしたそうです。

階段のような地形をした河成段丘「秩父盆地」

秩父盆地には荒川に沿って階段状の地形が発達しています。これは「河成段丘《かせいだんきゅう》」といって、川が削って砂や礫が堆積した水平面「段丘面」と、地盤の隆起などによってできる急

2 河成段丘の構造と堆積物

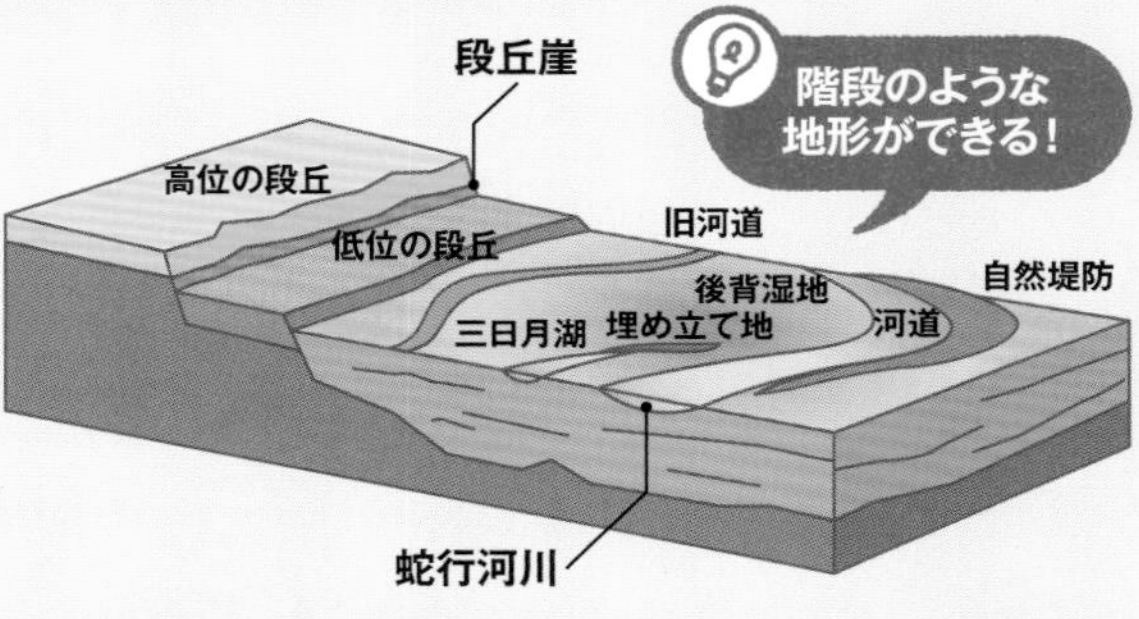

河川の流れによって削られた場所が隆起して崖となることを繰り返して段丘が形成される（出典：産総研地質調査総合センターのウェブサイト　https://gbank.gsj.jp/geowords/picture/illust/fluvial_system.htmlをもとに作成）

な崖「段丘崖」からなり、上にある段丘面ほど古い時代のものです。

おおまかに見ると、秩父盆地の河成段丘は高位、中位、低位の3つに分けられます（図2）。高位は標高450メートルの尾田蒔《おだまき》丘陵（ミューズパーク）を構成し、約50万年前に形成されたもの、中位は標高400メートルの羊山《ひつじやま》丘陵を構成し、約13万年前の氷期に形成されたものです。

最も新しい低位段丘は最終氷期の1万7000年前にできたとされ、秩父鉄道や秩父の市街地はここに位置します。さらに細かく見ると、低位段丘は秩父市街があるところで9つの細かい階段状になっています。

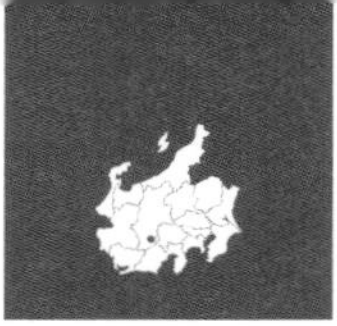

7000万年前～
白亜紀
（中生代）

西南日本を縦断する「中央構造線」を間近に見る

巨大な横ずれ断層 大鹿村の「安康露頭」

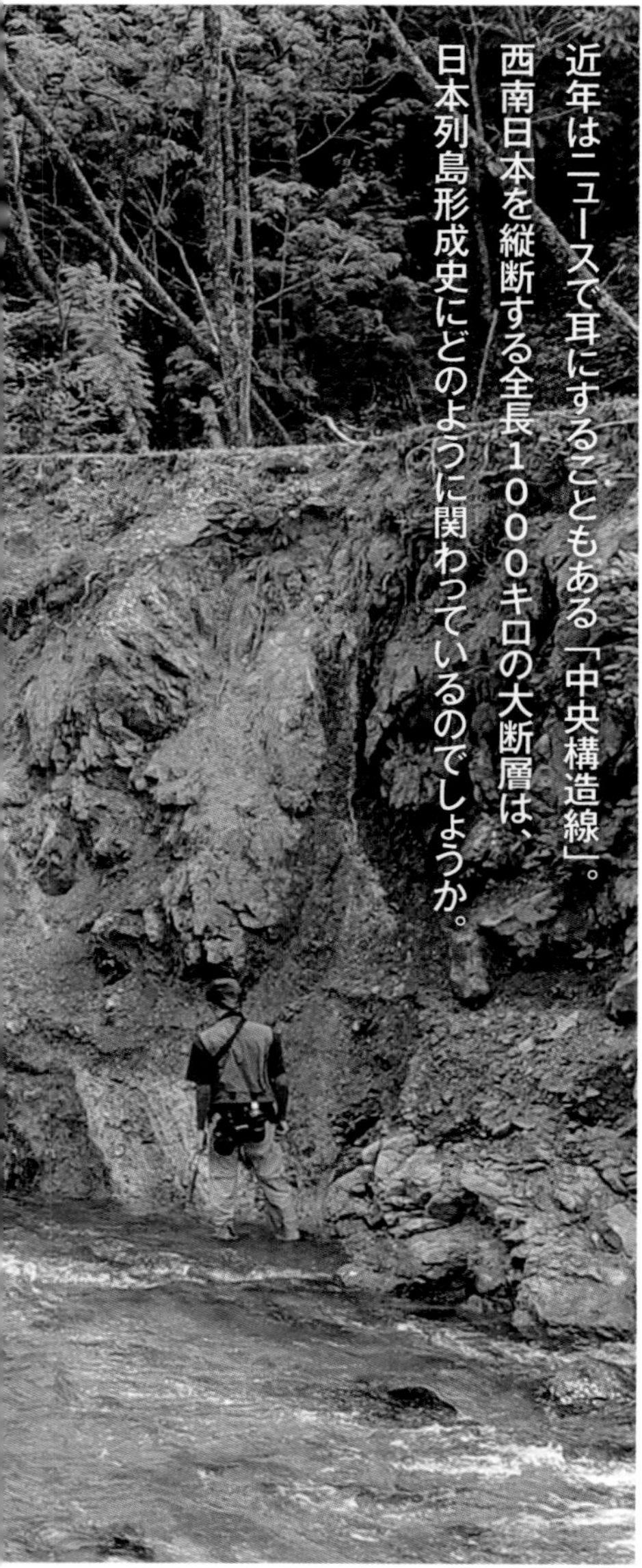

近年はニュースで耳にすることもある「中央構造線」。西南日本を縦断する全長１０００キロの大断層は、日本列島形成史にどのように関わっているのでしょうか。

長野県南部、南アルプス・赤石山脈の西側に位置する大鹿村を流れる青木川沿いの露頭「安康露頭」

1 中央構造線と2つの変成帯の分布

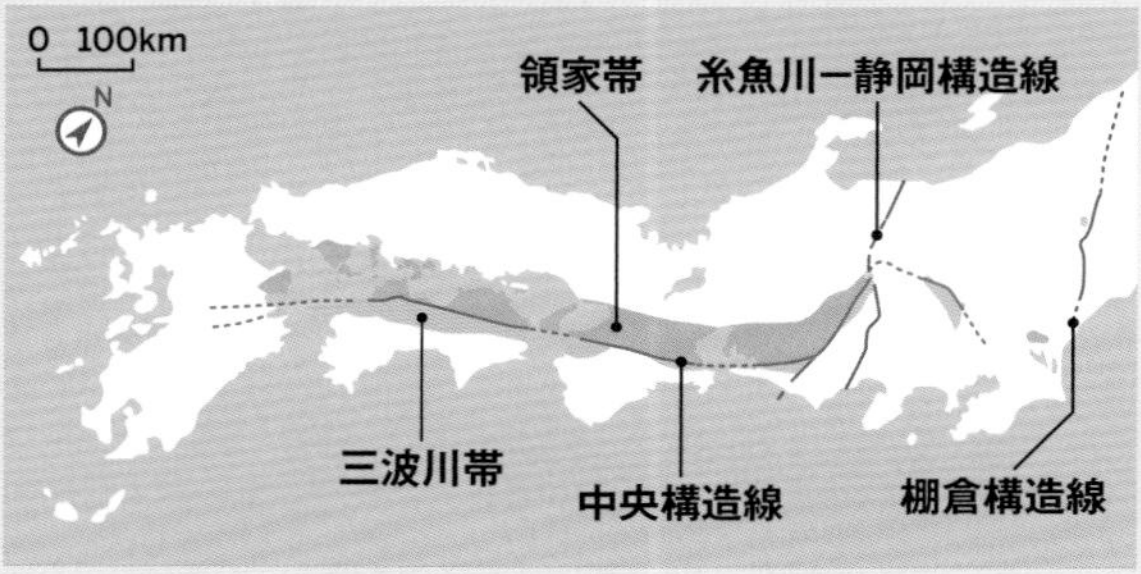

中央構造線を挟むように領家帯（紫色）と三波川帯（緑色）が分布している（出典：大鹿村中央構造線博物館の図をもとに作成）

長野県南部、赤石山脈（南アルプス）の西側に位置する大鹿村《おおしか》では、青木川沿いの露頭に、西南日本を南北に分ける「中央構造線」を実際に目にすることができます。

中央構造線は西南日本を横断し、九州から伊勢湾まで東西に延び、大鹿村を含む天竜川周辺を北上する全長1000キロメートル以上の断層線で、これを境に地質が大きく異なります（図1、2）。

中央構造線は巨大な横ずれ断層

西南日本は10以上の基盤地層群からなり、海洋プレートが沈み込む南海トラフと平行に、帯状に並んでいます。これらは、海洋プレートが大陸プレートの下に沈み込む際に取り残された付加体が

2 中央構造線周辺の断面図

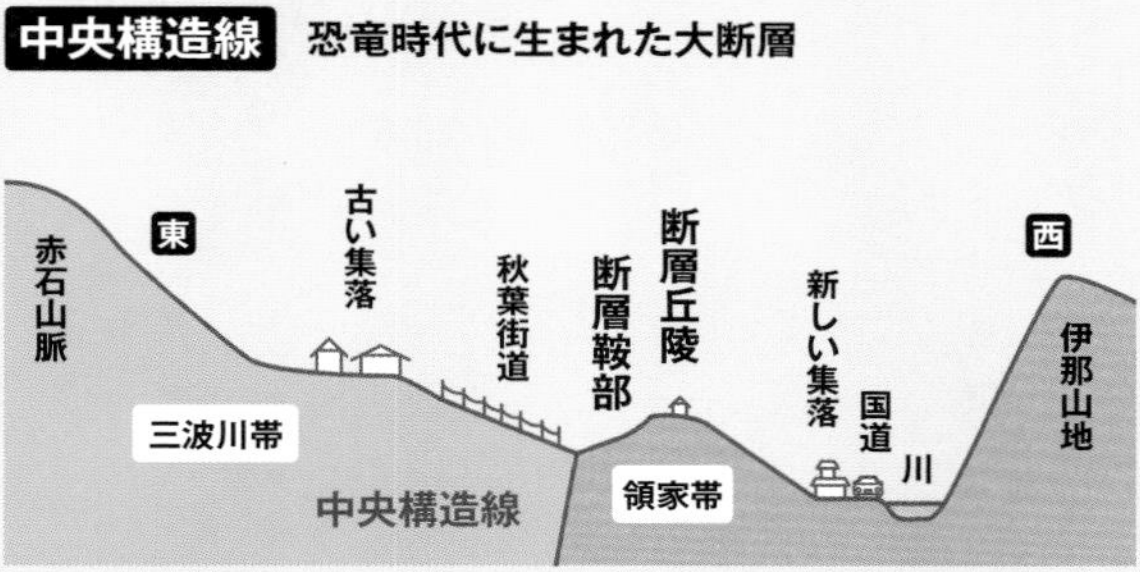

領家帯（紫色）と三波川帯（緑色）の上にできた地形を示している
（出典：大鹿村中央構造線博物館の図をもとに作成）

年輪のように陸側に押し上げられた結果で、だいたい日本海側から太平洋側に行くほど新しくなります。

日本海側から順番に、秋吉帯、丹波—美濃—足尾帯、領家帯、三波川帯、秩父帯、四万十帯と並んでいます。領家帯は丹波—美濃—足尾帯の地層が、三波川帯は四万十帯の白亜紀の地層に対比できる地層が変成したものです。

それぞれの境界は古傷のような断層線となりますが、その中でも特に地形的に重要なのが領家帯と三波川帯が接する中央構造線です。この断層を境に日本列島の日本海側を「内帯」、太平洋側を「外帯」と呼びます。

海洋プレートであるフィリピン海プレートは、

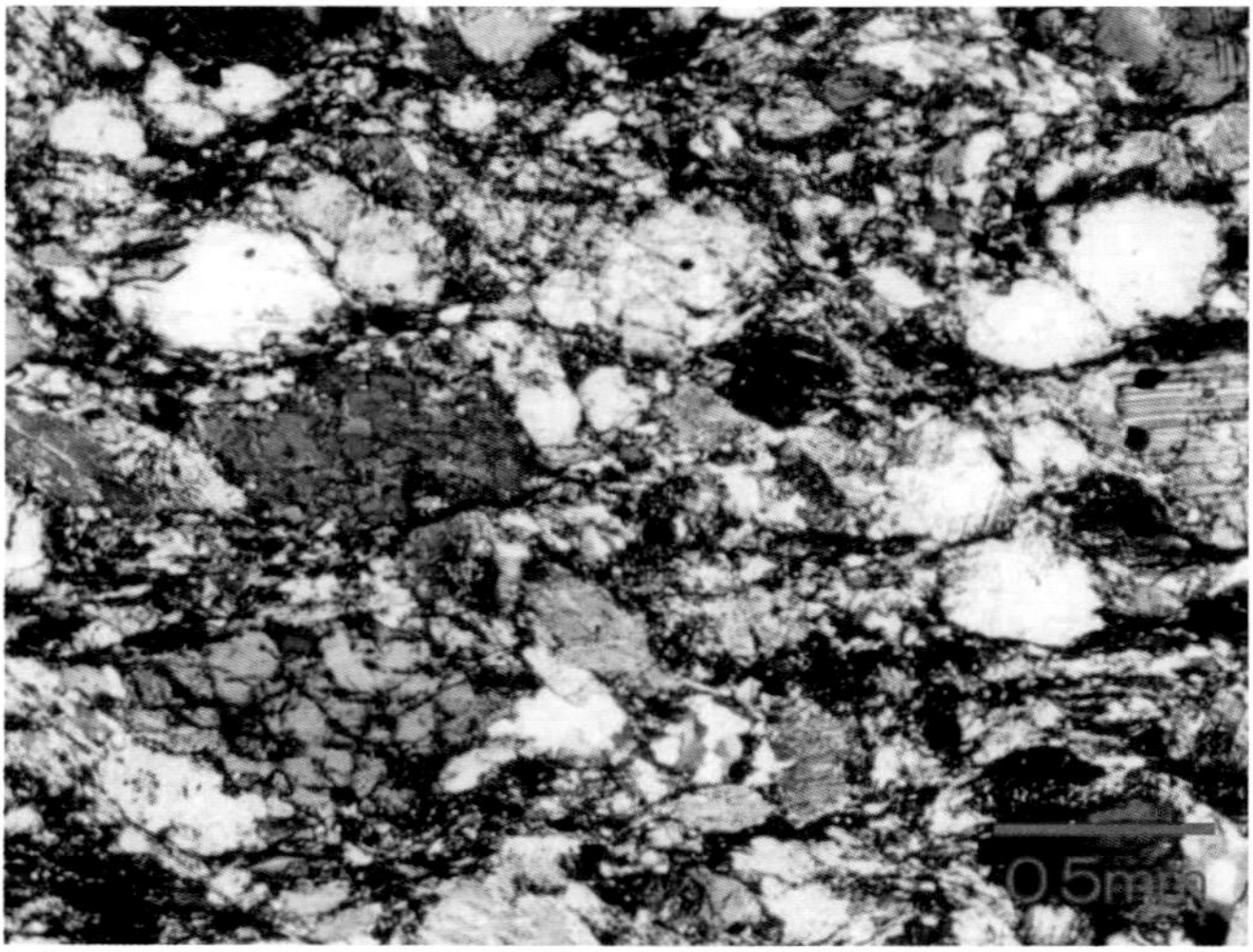

断層岩「マイロナイト」の組織から、白亜紀後期の中央構造線は、いまとは逆に内帯側が西にずれていたことがわかる（提供：大鹿村中央構造線博物館）

西南日本に対して北西方向に沈み込んでいるため、外帯は引きずられて西へ、相対的に内帯は東へ動いていると考えられています。つまり、中央構造線は巨大な横ずれ活断層なのです。

日本列島形成史を記録する断層岩「マイロナイト」

中央構造線を挟む領家帯と三波川帯は変成岩からなりますが、できた条件が異なります。領家帯は地下浅部ながら花崗岩に伴って高温の変成を受けてできたのに対し、三波川帯は地下深部で、比較的低温で変成を受けてできました。両者の間にはもともと別の地層群が存在していましたが、中央構造線の断層活動によって領家帯と三波川帯は接することとなったのです。

横ずれ断層活動は、高温高圧の地下深くで岩石を何百万年も流動させながらずらして「マイロナイト」という断層岩を作り出しました。中央構造線の歴史は、およそ1億年前に遡りますが、マイロナイトを作るような断層活動は7000万年前、領家帯と三波川帯が接するようになったのは6000万年前だとされています。

また、1500万年前から始まった本州弧と伊豆―小笠原弧の衝突という大きなイベントの履歴が、長野県の中央構造線だけに記録されています。この衝突によって、中部～関東地方の中央構造線はハの字に曲げられたのです（83ページ参照）。

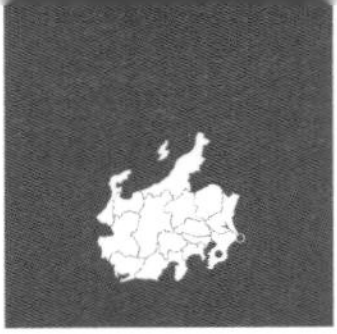

1億3000万年前～
白亜紀
（中生代）

白亜紀の地層に残る波の化石

銚子犬吠埼の灰白色の「斜交層理」

犬吠埼の灰白色の崖は白亜紀の地層です。よく見るとリズミカルな縞模様があることがわかります。海岸では、太古の波が作った海底や浅瀬で生物が暮らした跡を見ることができます。

銚子層群のハンモック状斜交層理は、波浪の時期に浅い海で堆積したことを示している

1 銚子層群の成り立ち

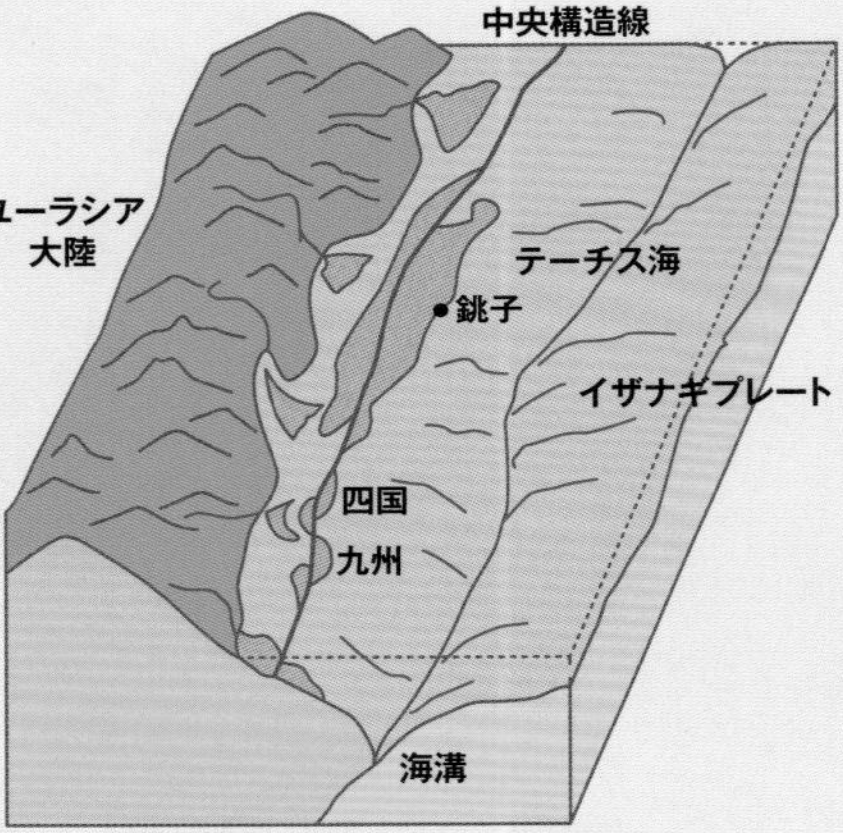

銚子の白亜紀の地層は浅海で堆積した
（出典：銚子市教育委員会の図をもとに作成）

千葉県北東部、東に突き出した犬吠埼《いぬぼうさき》は、千葉県で唯一、白亜紀の地層を見ることができる貴重なスポットです。

この地層は1億3000万年前～1億年前の浅海の海底に堆積してできた砂岩層で、白い灯台が立つ岬から海岸に降りると、その白く滑らかな地層に、当時の海底の様子を示す痕跡を見ることができます（図1）。

白亜紀の嵐が作った海底表面の跡

砂岩層の断面には、堆積層に対し

2 斜交層理のでき方

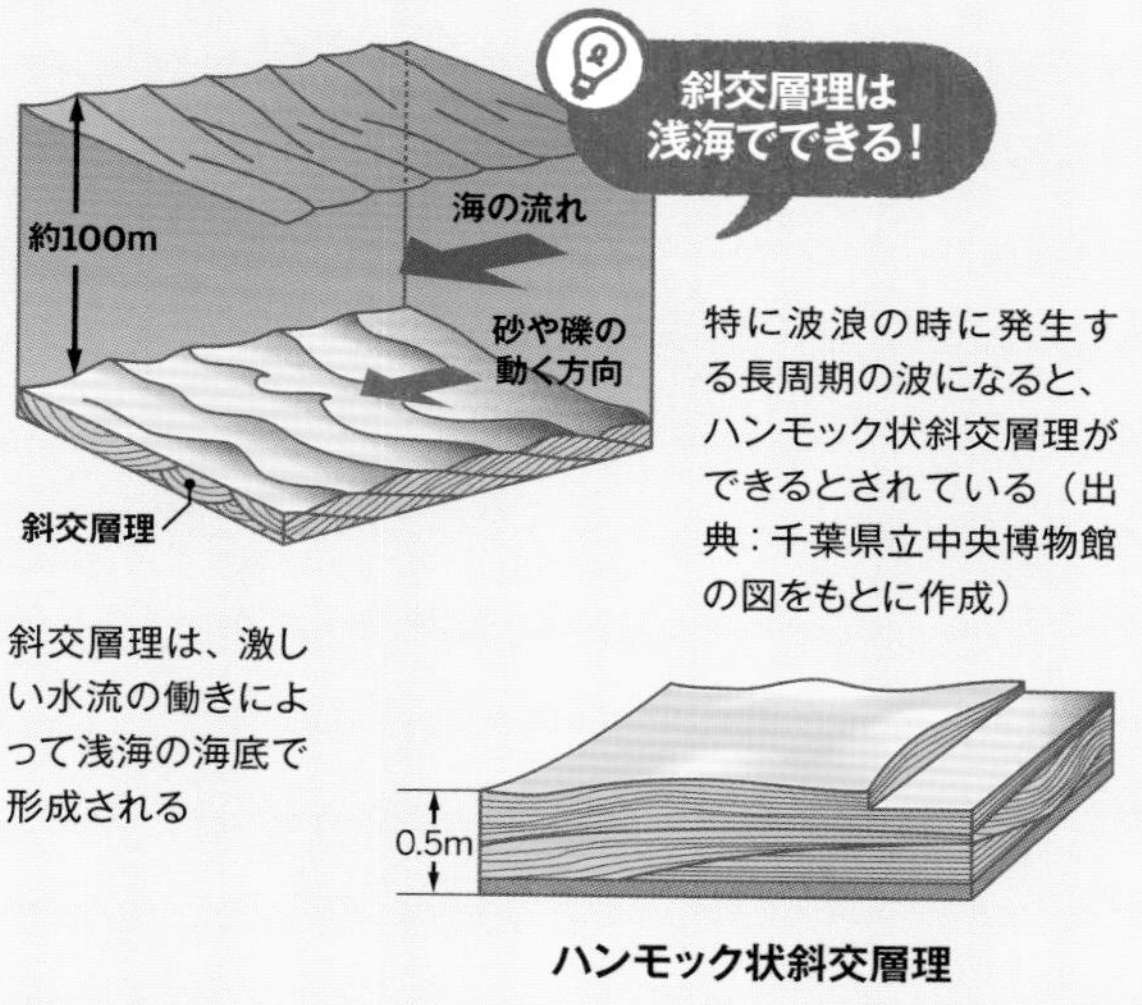

特に波浪の時に発生する長周期の波になると、ハンモック状斜交層理ができるとされている（出典：千葉県立中央博物館の図をもとに作成）
斜交層理は、激しい水流の働きによって浅海の海底で形成される

て「斜め」に、それぞれに「交差」する曲線状の縞模様があります。これは「斜交層理《しゃこうそうり》」という、水流や風によって浅海の海底に運ばれた砂が堆積して作られる当時の海底面の跡（図2）。その跡が、まるで年輪のようにいくつも重なって縞模様を作っています。

特にここで見られる斜交層理は激しい水流によって作られるもので、層理の模様がハンモック（英語で小さな丘）のように盛り上がった形をしていることから「ハンモック状斜交層理」と呼ばれます（図2）。

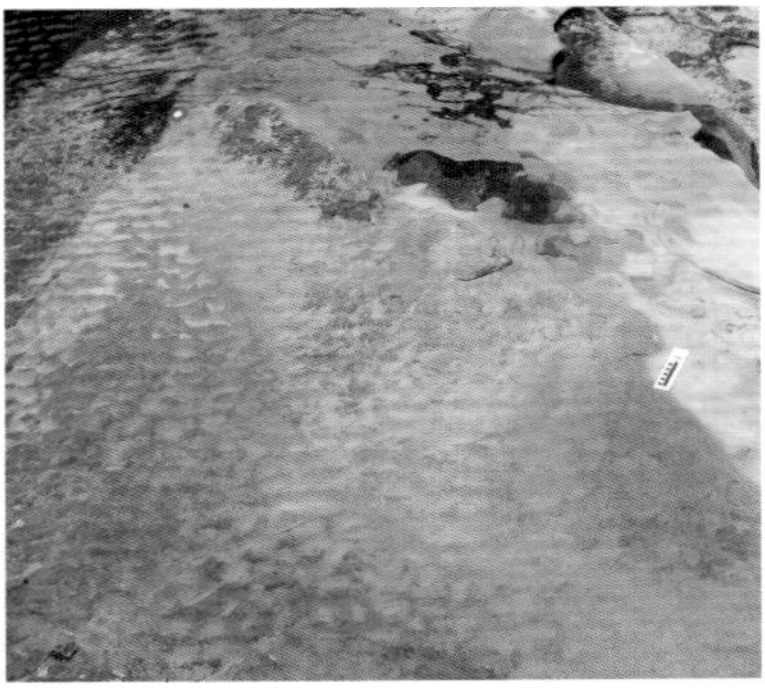

砂岩層の「リップルマーク」は堆積時のさざ波の跡。堆積した海が浅かったことを示す

浅い海で堆積した証拠「リップルマーク」

犬吠埼の海岸にある砂岩の中では、さまざまな痕跡も見られます。そのうちの1つが、海底の水流が残した痕跡です。砂岩を上から見ると波立ったような模様を持つものがあります。

例えば、波打ちぎわより少し深い場所に立って底を見ると、砂底に波が作り出すボコボコした模様に気づくでしょう。砂岩表面に見られるのは、その模様が固まって残ったもので、「漣痕《れんこん》」または「リップルマーク」と呼ばれます。「漣」はさざなみ、「リップル」は波紋を意味します。

ざくろ石が明かした過去の大噴火

犬吠埼から西へ進むと、切り立った崖が約10キロメートルにわたって続く「屏風《びょうぶ》ケ《が》

新第三紀と第四紀の境界を含む屏風ヶ浦の地層

浦《うら》」があります。「東洋のドーバー」とも呼ばれ、景勝地になっているこの崖は、波によって削られてできた「海食崖《かいしょくがい》」という地形です。この地域の地層は比較的軟らかいため、波が年間約1メートルのペースで削ってきたと考えられています。

形成年代は、先ほどの白亜紀からぐっと現在に近づいて、300万年以降から10万年前にかけてできたと考えられています。

屏風ヶ浦の地層では、ざくろ石（ガーネット）を多く含む厚さ2センチメートルの火山灰層が見つかりました。この火

屏風ヶ浦のざくろ石入り火山灰。磁石に付着した粒子を撮影したもので、地層の中のざくろ石はこれほど多くない（提供：田村糸子氏）

山灰層が、知られていなかった過去の大イベントを明らかにする重要なカギになったのです。

火山灰は短期間のうちに広範囲に降るため、地層の年代を決定する重要な基準となります。しかも火山灰にざくろ石が含まれるケースは珍しいのです。ざくろ石を含む火山灰は屏風ヶ浦の他に東京都江東区の地下を調べるためのボーリング試料、神奈川県鎌倉市と愛川町《あいかわまち》にも見つかっています。これら４地点の火山灰の年代と、ざくろ石の組成の調査、東に行くほどざくろ石のサイズが小さくなることから、２５０万年前の第四紀の初頭に丹沢《たんざわ》で火山噴火が起きたことがわかったのです。

丹沢にも火山があったことや、１６５キロメートル離れた屏風ヶ浦まで２センチメートルも火山灰を積もらせるほど大規模な噴火だったことは、大きな発見でした。

Column

日本初の地質年代名が誕生!!
千葉県市原市の「チバニアン」

「チバニアン」の基底部は、写真左端の上から3つ目と4つ目の看板の間あたりの黒くえぐれて筋になっている火山灰層の部分。この火山灰層の上が「チバニアン」という時代の堆積物だ（提供：松山美穂子氏）

現在、地球の北極はS極、南極がN極ですが、磁場の逆転は地球の46億年の歴史でたびたび起きていて、少なくとも360万年前以降、11回起きたと考えられています。

その最後の逆転の痕跡が、千葉県市原市の養老《ようろう》川沿いにある77万年前の地層で見られます。この地層断面が見える崖が、「国際標準模式地」の基準地として申請されている「チバニアン」です。2020年1月17日に申請が受理され、77万4000年前～12万9000年前の時代が「チバニアン」と名付けられることになりました。

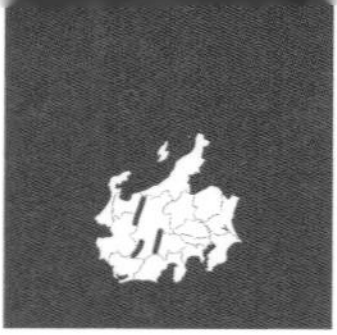

300万年前～
第四紀
（新生代）

付加体、逆断層、火山が作る3つのシワ

三者三様の地質 日本アルプス

「日本の屋根」と呼ばれる日本アルプス。3000メートル級の山脈が川の字のように並ぶ3兄弟のような日本アルプスですが、北・中央・南アルプスの成り立ちは独特です。

南アルプスと呼ばれる赤石山脈の山並み。海に堆積した付加体が隆起した山々には深い渓谷が刻まれている

1 最近100年間の地殻上下変動

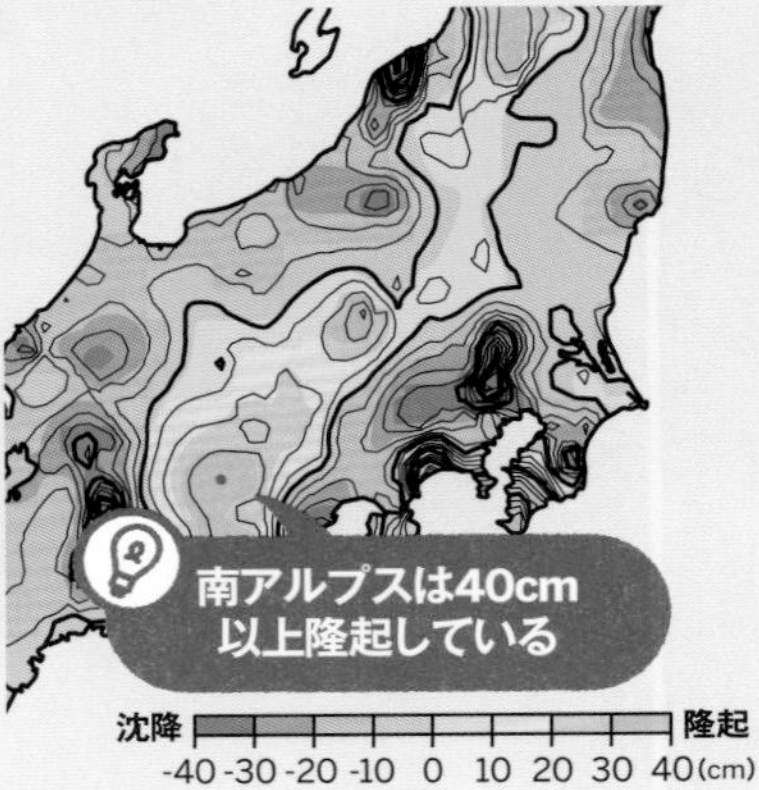

日本アルプスの中でも特に南アルプスが国内の他の地域と比べて速いスピードで隆起していることがわかる。暖色系は隆起、寒色系は沈降を示す（出典：国土地理院〈2001〉）

本州の中央部に並ぶ飛騨山脈（北アルプス）、木曽山脈（中央アルプス）、赤石《あかいし》山脈（南アルプス）は3つ合わせて「日本アルプス」と呼ばれます。日本国内の3000メートル以上の山のほとんどが集まっていることから、日本アルプスは「日本の屋根」とも称されます。日本アルプスは長い時間をかけて作られましたが、特に第四紀に急激に隆起して、現在も国内の他の地域と比べて隆起するスピードは速くなっています（図1）。

付加体が隆起した南アルプス・赤石山脈

南アルプスの赤石山脈は、北岳《きただけ》をはじめとする3000メートル超の山を13座持つ、東

日本で2番目に高い山、南アルプスの北岳（標高3193m）。その尾根にある緑色岩と石灰岩の露岩（提供：河本和朗氏）

西幅最大60キロメートルほどの山脈。「赤石」という名は、山脈北部に露出する赤いチャートに由来します。

赤石山脈西縁の伊那谷《いなだに》と東縁の富士川谷を結んだ断面の地質を見てみると、西から領家帯、中央構造線を挟んで三波川帯、秩父帯、四万十帯と並んでおり、四万十帯の東を区切るのは糸魚川―静岡構造線です。

これら地層群は、ジュラ紀から白亜紀にかけて、海洋プレートが沈み込む時に大陸プレート（ユーラシアプレート）の縁に取り残されてできた付加体を起源に持ちます（１４９ページ・図３）。さまざまな由来を持つ複雑な付加体の各層が盛り上がり、ピークを成し、全体として大きな山脈を作り出したのです。

海底で作られた付加体が３０００メートル以上も隆起した理由は、小笠原諸島や伊豆諸島、かつては火山島だった伊豆半島が日本列島に向けて北進し、衝突したためです。1500万年前から始まったこの動きによって、日本アルプス周辺の地殻は南方向から強く圧縮され、シワのように押し寄せられて高まりを作ったと考えられています。

隆起は、100万年前から急速に起きたと考えられており、そのスピードは年平均3ミリメートル以上と国内トップクラスです。

断層隆起の中央アルプス・木曽山脈

木曽山脈は木曽駒ヶ岳《こまがたけ》、空木岳《うつぎだけ》、南駒ヶ岳などが南北に並ぶ急峻な山脈です。木曽駒ヶ岳をロープウェイで上り、日本一標高の高い千畳敷《せんじょうじき》駅（標高2612メートル）で降りると、「千畳敷カール」という開けた場所に出ます。「カール」は、氷河がゆっくりと滑り降りながら山を削って作った緩やかなU字型の谷で、かつてここに氷河が存在したことを示す貴重な地形です。木曽駒ヶ岳だけでなく、日本アルプスの2800メートル以上の山頂にも、こうした氷河地形がいくつもあります。

千畳敷カールには、灰白色の岩石がゴロゴロと転がっています。これは木曽山脈を

中央アルプスの千畳敷カールから宝剣岳を望む。氷河地形「カール」には、氷河に流された花崗岩のブロックが積もってできた土手のような丘「モレーン」が見られる（提供：大亀喜重郎氏）

構成する領家帯の花崗岩で、木曽山脈がまだ山になるずっと前の、およそ7000万年前に作られたものです。花崗岩がたくさん転がっているのは、山体をなす岩体の隙間に入り込んだ水が凍っては融けてを繰り返し、岩体の一部が崩れてしまったためです。

木曽山脈は、両側を逆断層に挟まれたことによる断層活動によってできたと考えられています（図2）。この構造は、たとえるなら、カップいっぱいに入ったアイスクリームを横からぎゅっと押すと、アイスクリームが上に盛り上がるのに似ています。木曽山脈は、このアイスクリームのように横から圧縮されてできた盛り上がりが蓄積されて、3000メ

北アルプス涸沢岳から、カルデラ噴出物が層を成す南岳と、尖ったかたちの槍ヶ岳を望む（提供：原山智氏）

立山室堂の地獄谷の噴気は北アルプスの火山の存在を示す。立ち上る噴気の奥に剣岳がそびえる

ートル近くまで高くなったのです。

火山を抱える北アルプス・飛騨山脈

飛騨山脈は南北100キロメートル、東西30〜40キロメートルにわたり、標高3000メートルを超す山が11座あります。

飛騨山脈の大きな特徴は、美濃帯のジュラ紀付加体を貫く火山がいくつもあることです。白馬大池《はくばおおいけ》、立山、焼岳《やけだけ》、乗鞍岳《のりくらだけ》といった現在も活動する火山は78万年前以降にできました。

また、槍―穂高連峰の峰々は約170万年前のカルデラ噴出物から構成され、関東地方にも大量の火山灰を積もらせました。

2 3種類の断層の動き

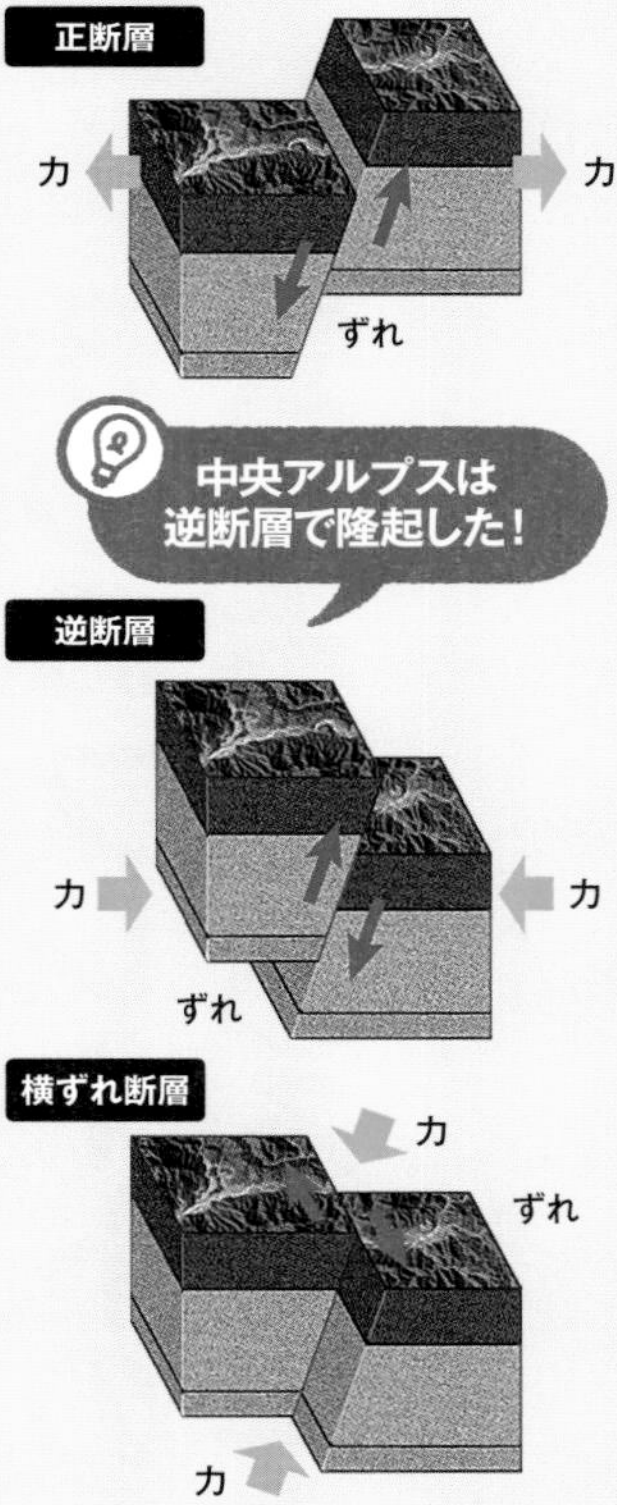

地殻が両側に引っ張られて下盤側が沈むのが「正断層」（上）。地殻が両側から押されて上盤側が隆起するのが「逆断層（または衝上断層）」（中央）。地殻が斜め横方向から力を受けてずれるのが「横ずれ断層」（下）（イラスト：マカベアキオ）

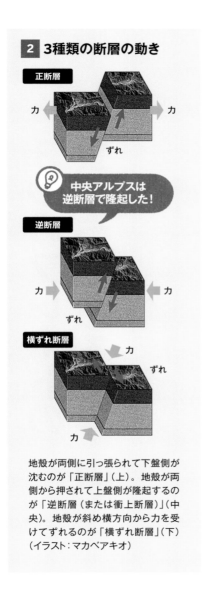

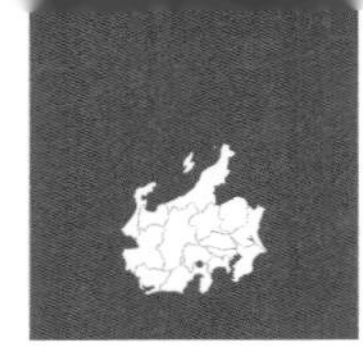

10万年前～
第四紀
（新生代）

日本一の名峰、富士山形成10万年史

3つのプレートの会合点にある富士山

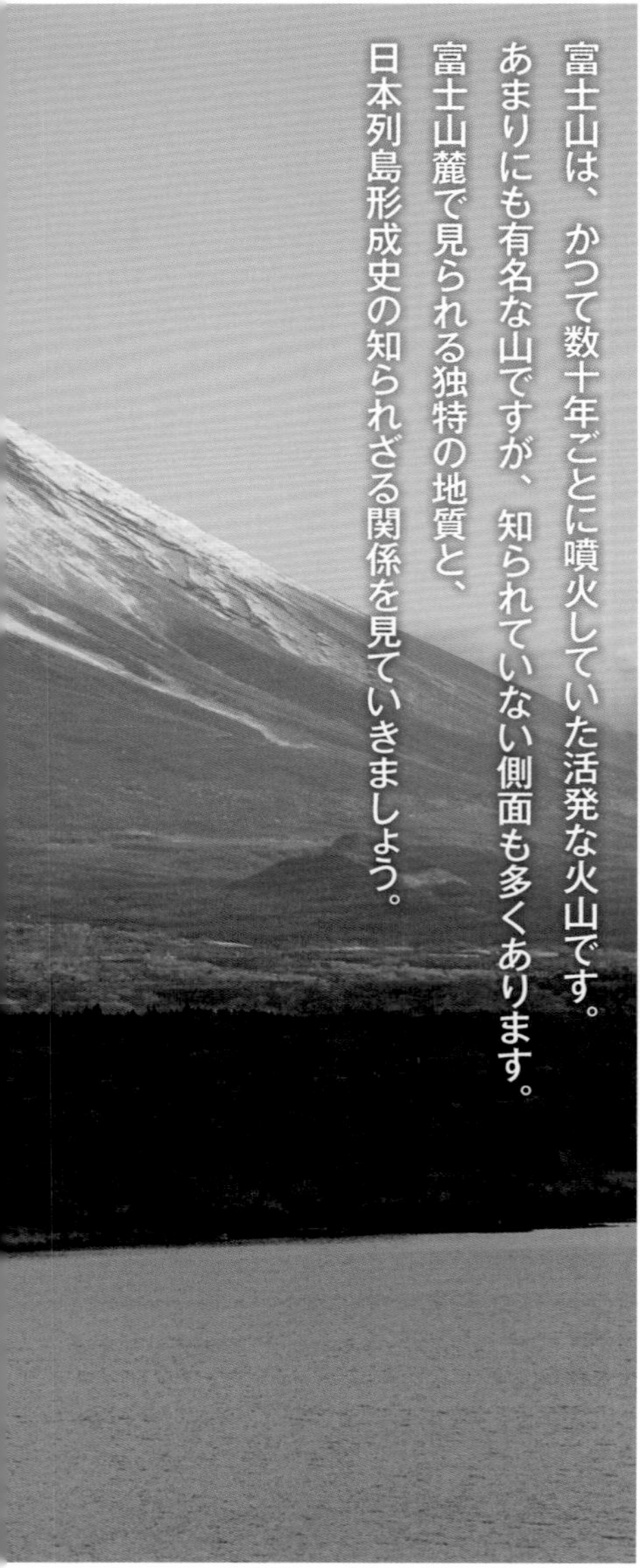

富士山は、かつて数十年ごとに噴火していた活発な火山です。
あまりにも有名な山ですが、知られていない側面も多くあります。
富士山麓で見られる独特の地質と、
日本列島形成史の知られざる関係を見ていきましょう。

富士山から左手前の大室山を含む側火山の配列方向（北西―南東）は、フィリピン海プレートの移動方向と一致する

1 日本列島の火山帯とプレートの関係

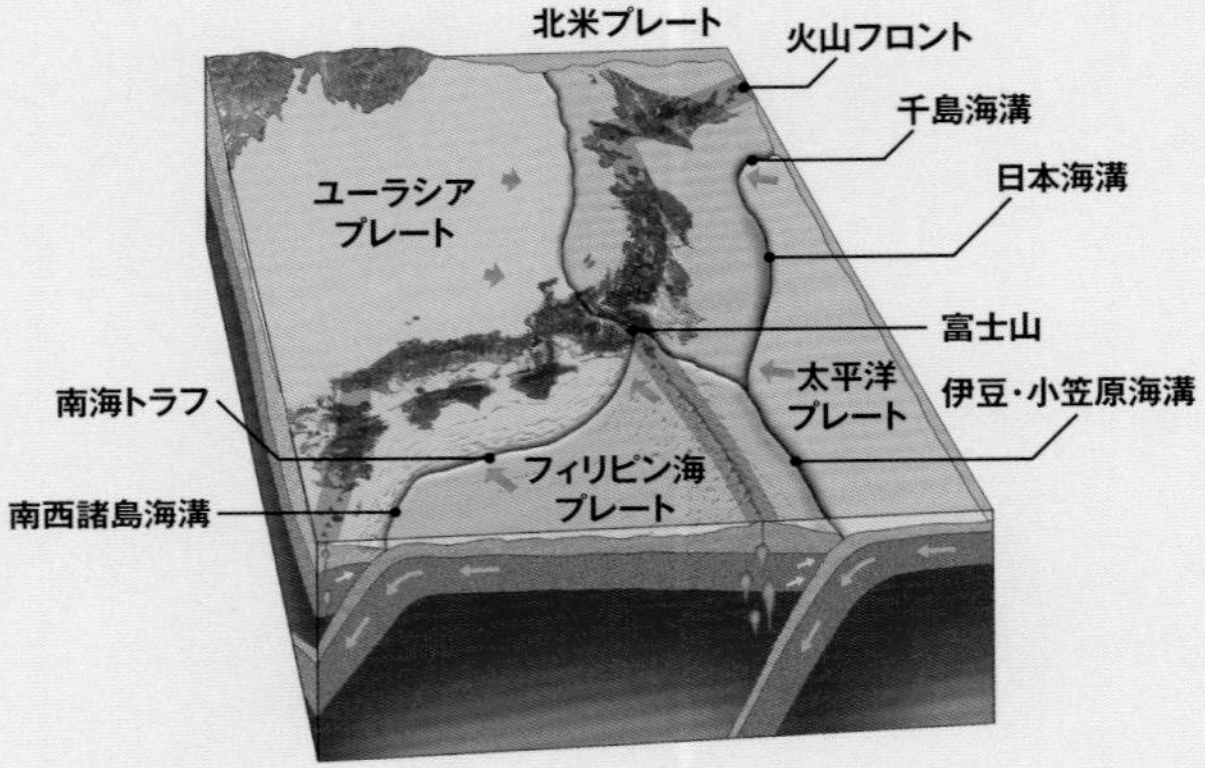

火山フロントは、プレートが沈み込む海溝に平行に存在している
(イラスト:マカベアキオ)

日本一の高さを誇る富士山(標高3776メートル)は、フィリピン海プレート、ユーラシアプレート、北米プレートの3つのプレートの会合点近くに位置しています。フィリピン海プレートの沈み込み帯の延長線上でもあり、伊豆諸島衝突の最前線かつ太平洋プレートが作る火山帯が交差する、世界でも珍しい場所にできた火山なのです(図1)。美しい円錐形の山体は、まるでチョコレートフォンデュのように溶岩をダラダラと流す噴火を繰り返して作られました(図2)。

青木ヶ原樹海地下に広がる火山洞窟

2 北側から見た富士山の地質鳥瞰図

火口から流れ出た溶岩が富士山周辺に広がり、現在の地形を形成している様子がわかる（出典：産総研地質調査総合センターのウェブサイト　https://gbank.gsj.jp/volcano/Act_Vol/fujisan/map/volcmap_bv1.html　原図をトリミングして地名を追記）

富士山には、溶岩を噴き出す火口がたくさんあり、頂上から麓にかけて直線上にボコボコと並んでいます。このような火口を「側《そ》火《か》山《ざん》」と呼びます。

平安時代の864年に起きた「貞《じょう》観《がん》噴火」は、斜面にある側火山で発生したものです。この時の黒っぽい玄武岩質溶岩が流れ広がった跡である山麓北西部には、「青《あお》木《き》ヶ《が》原《はら》樹海」が広がります。溶岩流の上に樹林が育ってできた原生林です。

樹海には、いまわかっているだけでも100以上の洞窟が存在します。これらは夏でも中から冷風が吹き出ることから「風《ふう》穴《けつ》」、年中氷に覆われていることから

青木ヶ原樹海の地下に広がる氷筍《ひょうじゅん》が発達した火山洞窟の美しさに圧倒される俳優・石丸謙二郎氏。一年中氷が融けないので「氷穴」と呼ばれる（提供：吉田勝次氏）

「氷穴《ひょうけつ》」と呼ばれますが、その正体は主に、富士山の噴火で流れ出た溶岩流が通り抜けてできた溶岩トンネルです。

１０００℃以上の高温の溶岩が流れる時、表面が空気に触れて冷え固まりながら高温の内部が流れて移動を続けると、内部の溶岩が流れ去った跡が空洞になるのです。

古富士と新富士、２つの地層が重なる山

富士山の歴史を振り返ってみましょう。

富士山があった場所には、約70万年前にできた「小御岳《こみたけ》」という標高の低い火山があったと考えられています。その後、いまから10万年前に「古富士《こふじ》」という火山が活動を始め、

富士宮市の「白糸の滝」。富士山の雪解け水の滝が、まるで絹糸を垂らしたように見えることからその名がついた

いまの富士山のようなかたちの山体が作られました。

古富士は、現在の富士とは異なる性質のマグマを噴出し、爆発的な噴火を繰り返す火山だったようです。その後、1万7000年前〜1万1000年前にかけてマグマの性質を変化させ、5600年前〜3700年前にかけての噴火活動で大きく成長して現在の「新富士」が作られました。もし富士山の断面が見られたら、少しいびつで低い小御岳の上に、円錐形の古富士と新富士が層状に被さっているのがわかるはずです。

富士宮市の「白糸《しらいと》の滝」は、新富士火山層と古富士火山層の間の絶壁から雪解け水が湧

富士山の南東側の山腹にあるスプーンですくい取ったようなかたちのくぼみが「宝永火口」。左手前に側火山の配列が見える

き出してできた滝です。

江戸の空を暗くした 新富士最大の噴火「宝永噴火」

富士山は、西暦800年前後には数十年ごとに噴火を繰り返していたという記録もあります。最近の噴火は江戸時代1707年（宝永4年）、巨大地震「宝永《ほうえい》地震」の49日後に起きた「宝永噴火」で、新富士では最大の噴火とされています。

「プリニー式噴火」と呼ばれる、軽石や火砕《かさい》流《りゅう》を発生させる爆発的な噴火は、中腹の火口で起きました。この火口は「宝永火口」と呼ばれ、富士山を南から眺めるとスプーンでえぐったようなかたちに見えます。

宝永噴火では噴煙が空を暗くし、100キロメートル離れた江戸では昼でも提灯《ちょうちん》を点《つ》けて歩かなければいけなかったほどでした。当時の朱子学者・新井白石《あらいはくせき》は『折《おり》たく柴《しば》の記《き》』に、江戸市中でも噴火の轟音《ごうおん》が聞こえたり、噴煙の中で発生する雷の光が届いたりしたと記しています。

129ページの写真には富士山の北西側の本栖湖と大室山、134ページの写真には南東側の宝永火口が写っています。実は、富士山の北西―南東方向に側火山が配列しています。その理由は、フィリピン海プレートが北西方向に移動するのに伴い北西―南東方向に圧縮されているために、北東―南西方向に地殻が開こうとします。その裂け目に沿ってマグマが上昇するために、このような側火山の配列ができたのです。

日本最古の化石は、岐阜県高山市の一重ヶ根《ひとえがね》地域の地層で見つかったオルドビス紀の「コノドント」です。コノドントは大きさ0.3㎜ほど。海に棲むウナギのような生物の、歯に似た消化器官か捕食用器官の化石だと考えられています。

日本最古の地層は、茨城県日立市から常陸《ひたち》太田市の山地に分布する「日立変成岩赤沢層」です。変成花崗岩中のジルコンから、変成を受ける前のもとの地層の年代が5億1000万年前（カンブリア紀）だと明らかになり、この地層が堆積したのはゴンドワナ超大陸東縁の火山列島だったことがわかりました。

日本最古の岩石は25億年前 鉱物は37.5億年前に遡る

日本最古の岩石は、島根県津和野町のペルム紀の地層中に含まれている、花崗片麻岩です。その年代が約25億年前であることが2019年3月に発表されました。この石を含む岩体の一部は「北中国地塊」と称される古い大陸地殻を構成していたと考えられています。日本列島の地史を塗り替えた大発見でした。

日本最古の鉱物は、富山県黒部市宇奈月《うなづき》温泉の花崗岩に含まれる砂粒として発見された37億5000万年前のジルコン。地球上に生命が誕生し、東アジア地域で最古の大陸地殻が作られた時代の産物です。

Column

日本最古の地層、化石、岩石、鉱物

**日本最古の地層
[5億1000万年前]
赤沢層**

日立御岩山の赤沢層（茨城県）

**日本最古の化石
[4億5000万年前]
コノドント**

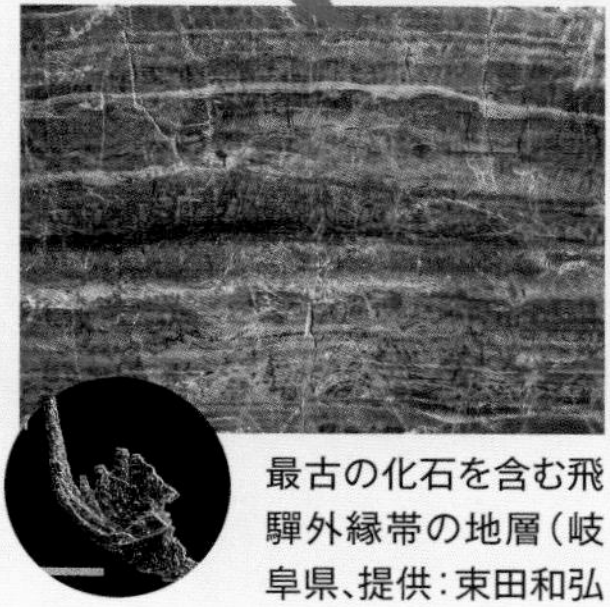

コノドント

最古の化石を含む飛騨外縁帯の地層（岐阜県、提供：東田和弘氏）

**日本最古の岩石
[25億年前]
花崗片麻岩**

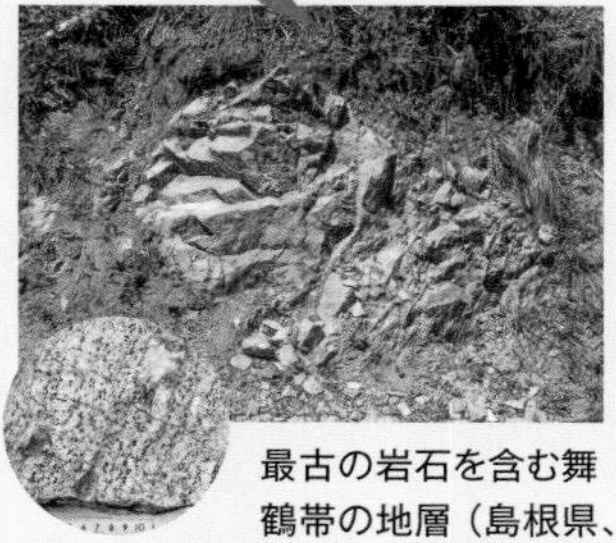

花崗片麻岩

最古の岩石を含む舞鶴帯の地層（島根県、提供：早坂康隆氏、津和野町教育委員会）

**日本最古の鉱物
[37億5000万年前]
ジルコン**

最古の
ジルコン

宇奈月花崗岩のジルコン（富山県、提供：堀江憲路氏）

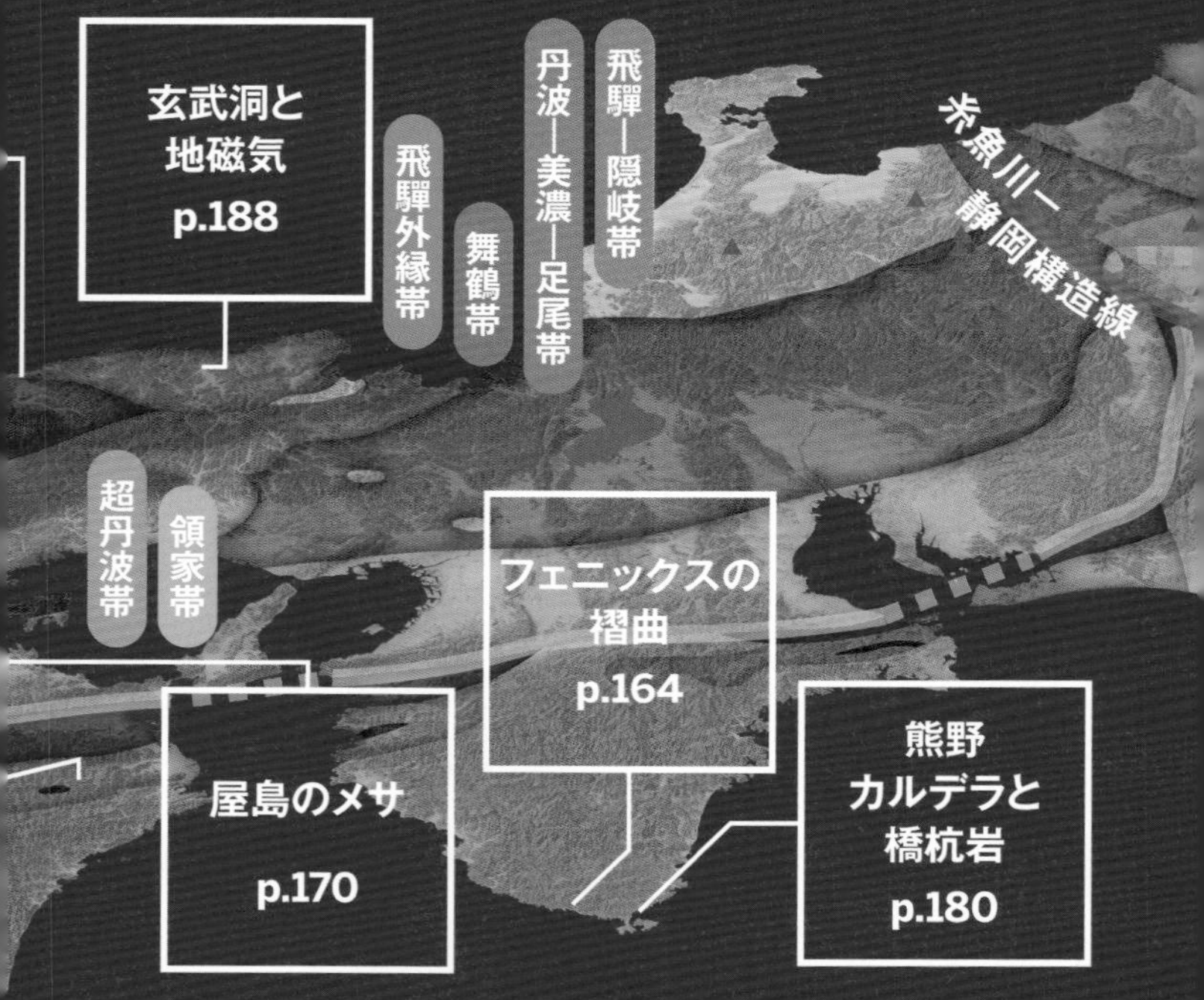

04 近畿・中国・四国

付加体がつくる西日本の土台

3億年前の古生代の付加体がある近畿・中国・四国地方。
古生代から新生代にかけての付加体が、
中央構造線を挟みながら西日本の土台を作っています。

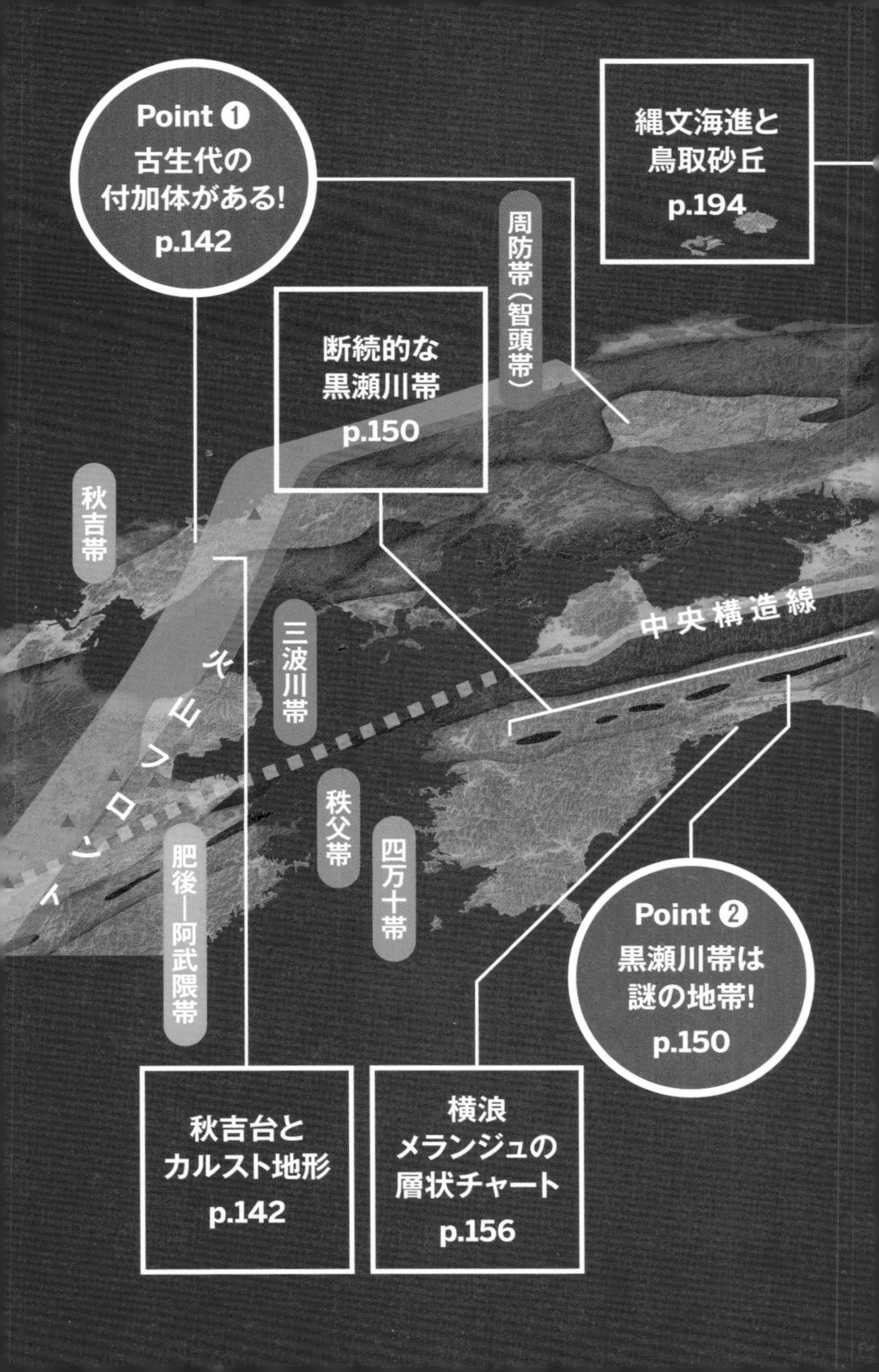
Point ❶
古生代の
付加体がある!
p.142
縄文海進と
鳥取砂丘
p.194
周防帯（智頭帯）
断続的な
黒瀬川帯
p.150
秋吉帯
中央構造線
三波川帯
秩父帯
四万十帯
肥後―阿武隈帯
Point ❷
黒瀬川帯は
謎の地帯!
p.150
秋吉台と
カルスト地形
p.142
横浪
メランジュの
層状チャート
p.156

古生代の石灰岩が作るカルスト地形と鍾乳洞

日本列島の古生代を代表する付加体として、3億年から2億5000万年ほど前の秋吉帯が広く分布しているのが、近畿・中国・四国地方の大きな特徴です。

山口県にある秋吉台の地表にはカルスト地形、地下には鍾乳洞《しょうにゅうどう》の神秘的な空間が広がり、その独特な地形は観光地としても人気があります。

秋吉帯と隣り合う、周防《すおう》帯も変成こそしていますが、およそ2億年前のジュラ紀の付加体とされます。ほかにも飛驒帯と似た岩石が隠岐島に見られます。

日本列島の地層群は、東北の南部北上帯と飛驒帯を除いて、大部分が付加体とその上に積み重なった堆積岩なので、古生代の付加体の存在は日本列島形成史を考える時にとても重要です。

さらに、付加体とプレート運動の関係が明らかにされたフィールドが高知県です。海岸線で見ることができる横浪《よこなみ》や室戸《むろと》のメランジュは、その迫力ある自然の造形に勝るとも劣らないインパクトを、日本列島形成史に残しました。

諸説ある黒瀬川帯の成因

黒瀬川《くろせがわ》帯は、関東や九州地方にも分布していますが、愛媛県の西予《せいよ》市に黒瀬川という模式地《もしきち》があります。黒瀬川帯は、日本の中でも謎の多い地帯です。

中央構造線の南側、ジュラ紀付加体の秩父帯の間に黒瀬川帯は点在しています。古生代にルーツを持つ黒瀬川帯という一番古い岩体を、ジュラ紀の付加体（秩父帯）が取り巻き、さらにその外側に白亜紀の付加体（三波川帯と四万十帯）があります。

実は、黒瀬川帯は、東北地方に分布している南部北上帯の延長であり、周囲の秩父帯は北部北上帯の延長であることがわかっています。しかし、どういう経緯で、黒瀬川帯が断片的に分布しているのかは大きな謎です。

黒瀬川帯の成因については諸説あります。巨大な横ずれ断層でずれてきたとか、古い大陸がぶつかってできたとか、地下の蛇紋岩《じゃもんがん》に伴われて下からむくむくと上がってきたという説まであります。地層が上にいくほど時代が古いという事実を説明するモデルとしては、ナップ説（88ページ）が受け入れやすいと考えられています。

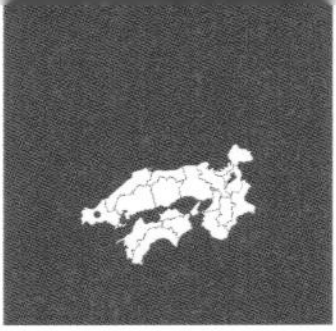

3億3000万年前～
石炭紀
（古生代）

付加体が隆起して雨水が溶食した
古生代のサンゴ礁から作られた秋吉台

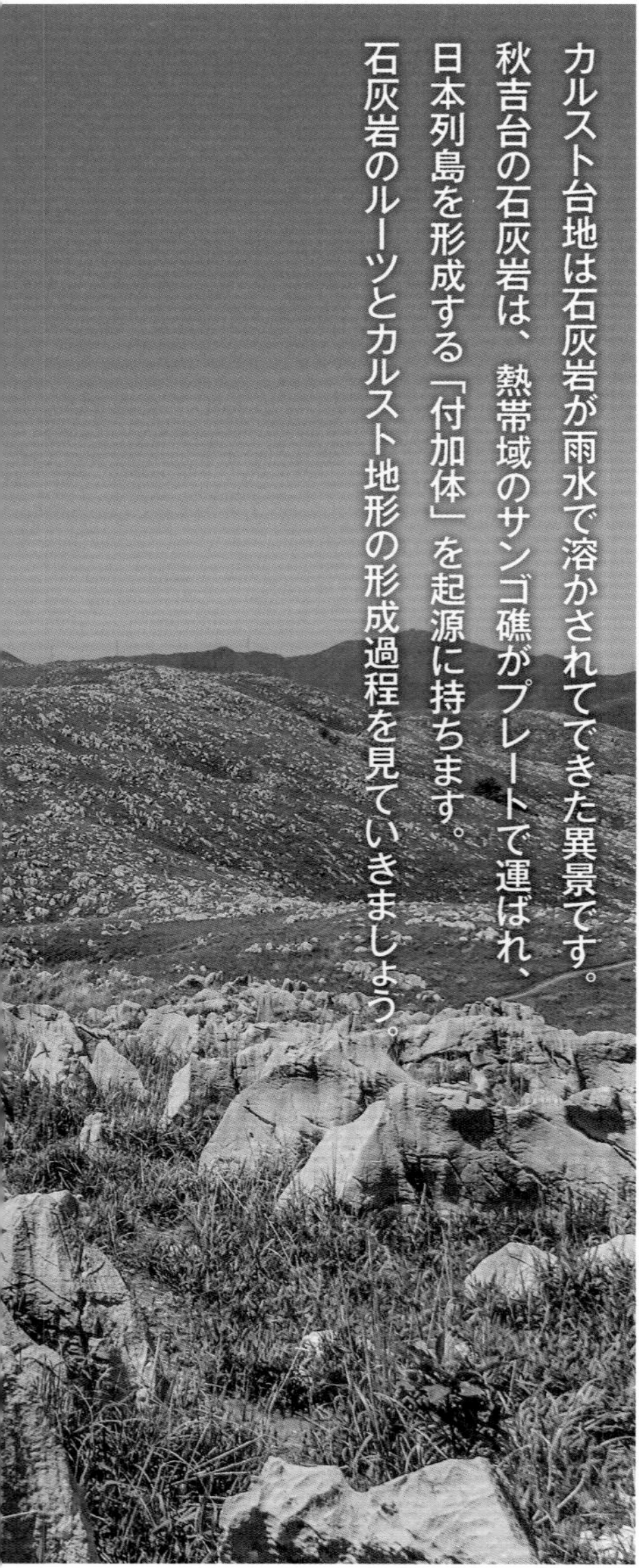

カルスト台地は石灰岩が雨水で溶かされてできた異景です。秋吉台の石灰岩は、熱帯域のサンゴ礁がプレートで運ばれ、日本列島を形成する「付加体」を起源に持ちます。石灰岩のルーツとカルスト地形の形成過程を見ていきましょう。

カルスト地形の地表に広がる「カレンフェルト」。石灰岩の石柱が露出して、羊群や墓石に形容される

山口県西部美祢《みね》市の中東部に広がる秋吉台は、日本最大級のカルスト台地です。面積は約１００平方キロメートル。草原に白っぽい石灰岩の柱が無数に立つ景色は、まるで何千もの羊の群れのようにも見えます。

「カルスト地形」は、石灰岩が雨水に侵食されてできる地形のことで、水墨画によく描かれる、水の上にタワーのような山々が連なる中国・桂林《けいりん》の地形もその１つ。カルストの語源は中央ヨーロッパの国、スロベニアのクラス地方（ドイツ語でKarst）に由来します。

カルスト地形は雨水が石灰岩を溶かしたもの

秋吉台の土台となっているのは石灰岩（主成分は炭酸カルシウム）で、酸性の雨水に溶けやすい性質を持ちます。貝殻を酢に浸けておくと溶けてしまうのと同じ現象です。石灰岩が二酸化炭素を溶かした雨水に溶けて侵食されることで、さまざまなカルスト地形が作られるのです（図１）。

石灰岩の石柱が無数に立つ地形は「カレンフェルト」と呼ばれます。これは、割れ

1 秋吉台の地形断面の模式図（一部）

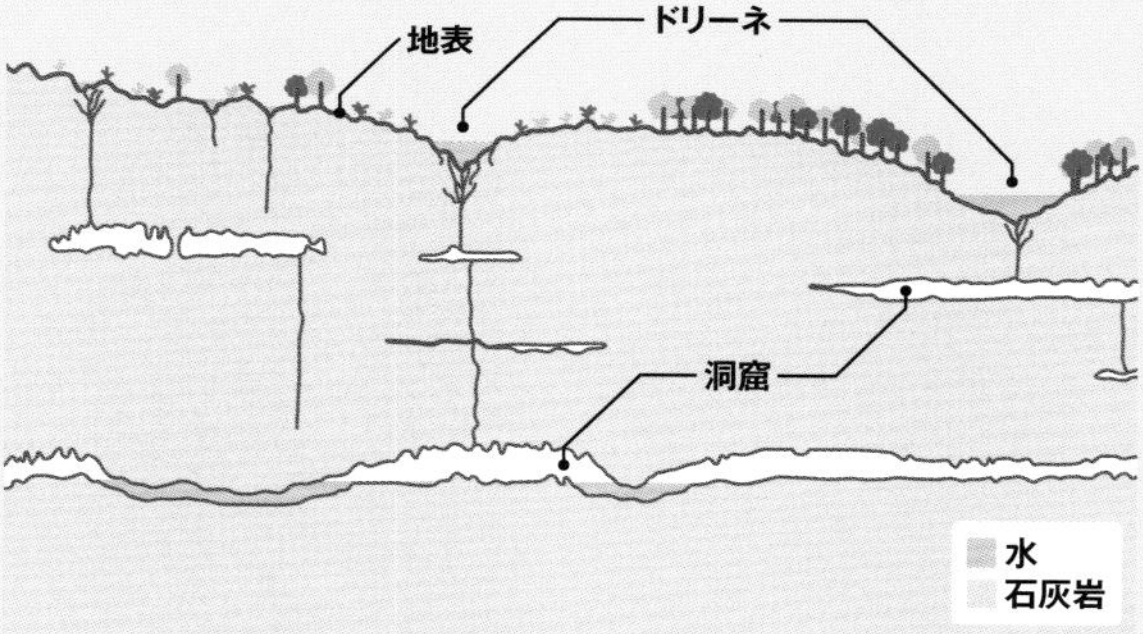

雨水が地表の石灰岩を溶かして「カレンフェルト」や「ドリーネ」ができ、さらに地表の割れ目から浸透して洞窟を作る（出典：庫本正著『洞窟にいどむ』の図をもとに作成）

目に雨水が浸透して、しだいに割れ目が広がり、表面に小さい溝（カレン）がついた板状のかたちが残されてできます。

また、秋吉台の草原に立って周りを見回すと、草原にはいくつもくぼみがあることに気づくでしょう。これは、石灰岩が侵食されてできたすり鉢型のくぼみ「ドリーネ」で、大きいものだと直径数百メートルにもなります。このカルスト地形はおよそ百数十万年前（第四紀）にできたと考えられています。

日本一広い洞窟・秋芳洞のでき方

秋吉台の地下には453ヶ所もの鍾乳

2 鍾乳石、石筍、石柱のでき方

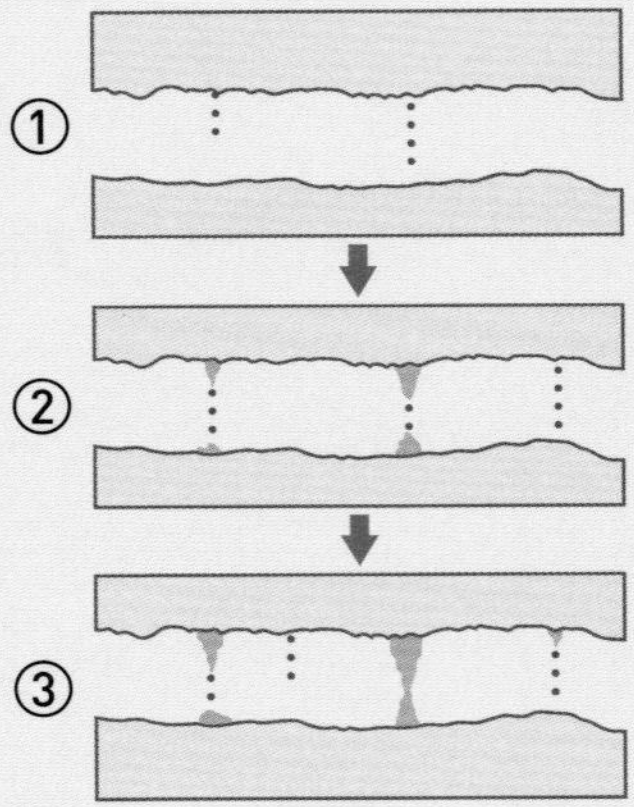

①石灰岩の割れ目に浸透した石灰分を多く含む雨水が、洞窟の天井から水滴として落ちる。②水滴の中の石灰分が洞内の空気に触れることで結晶となり、積み重なることで天井から鍾乳石、床から石筍が発達する。③鍾乳石と石筍がくっつくと石柱となる（出典：庫本正著『洞窟にいどむ』の図をもとに作成）

洞があります。鍾乳洞もカルスト地形の1つで、雨水がドリーネや岩体の割れ目から地中に染み込み、地下に溜まって地下水脈を作ると、その水脈が地下の石灰岩を溶かしながら空洞を広げていくことで作られます。その1つが、広さ日本一を誇る「秋芳洞《あきよしどう》」です。

全長8・8キロメートルもあり、洞内にはつららのような鍾乳石やタケノコのような石筍《せきじゅん》、柱状の石柱を見ることができます（図2）。これらは、雨水で溶かされた炭酸カルシウムが水滴としてポタポタと落ちる時に再結晶して作られます。また、棚田のようなかたちをした「リムストーン」を地下水が静かに流れ落ちる様子も見ることができます。

秋芳洞が誇る異景の1つ「黄金柱《こがねばしら》」。天井から洞床までつながる石柱は幾重にも鍾乳石が重なり、高さ約15mにおよぶ

石灰岩の来た道 7000万年の旅

カルスト地形のベースである石灰岩はどこから来たのでしょうか。秋吉台と同じ石灰岩は他に、広島県帝釈《たいしゃく》台、岡山県阿哲《あてつ》台などにもあります。これらは、西南日本の付加体が作る帯状構造の一部を構成しています。

石灰岩のルーツは、現在では海洋プレートが熱帯の海（パンサラッサ海）から大陸縁まで堆積物を運び形成された付加体だったと考えられています。堆積した年代は、中に紡錘《ぼうすい》虫《ちゅう》の化石が含まれることから、石炭紀からペルム紀だったことがわかりました。

具体的には、暖かい海にあった玄武岩質の

わずかな傾斜を流れる石灰分を多く含む水が作る、リムストーンプール「百枚皿」。秋芳洞の象徴的な存在だ

海底火山の列に、3億3000万年前（石炭紀）頃からサンゴ礁が発達し、プレートの運動によって北に運ばれた後、2億6000万年前（ペルム紀中期）頃に大陸の一部であった日本列島に付加しました（図3）。付加体は、長い時間を経て押し上げられて陸地となり、その後、侵食されて現在のかたちになりました。

カルスト地域に「台」がつくわけ

ところで、石灰岩が分布する場所には秋吉「台」や帝釈「台」のような台地が多くあります。台地とは周囲より高くなっている平らな地形のことです。

3 付加体の成り立ち

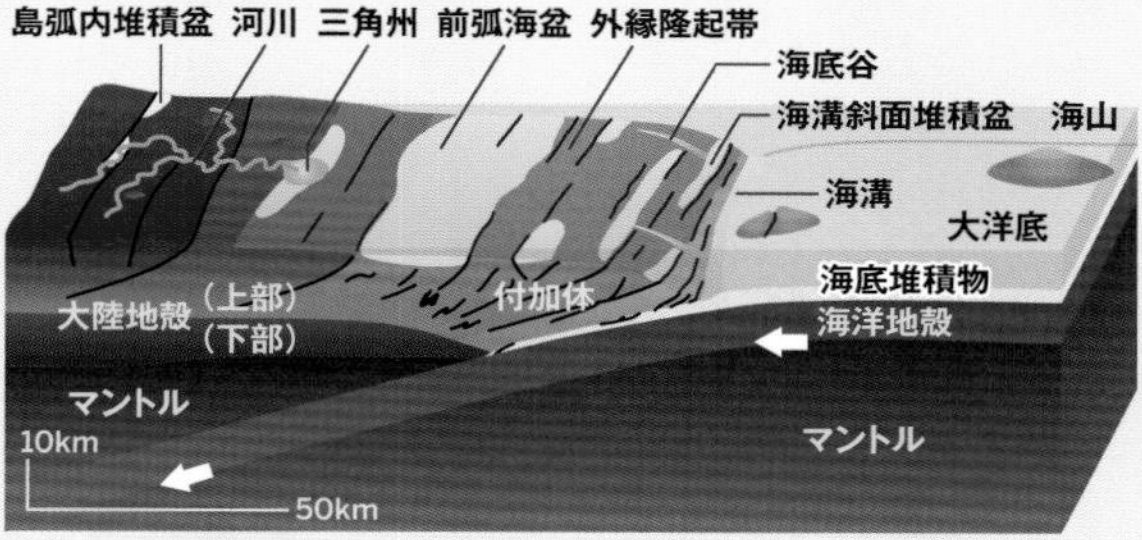

秋吉台の石灰岩は、大陸から遠く離れた海山の上にできたサンゴ礁が起源。海山は海洋プレート（海洋地殻とマントルの一部）によって海溝へ運ばれて沈み込むが、その時に石灰岩を含む「海底堆積物」の一部が大陸側に押しつけられる。こうして、海洋プレートからはぎ取られた地質体を「付加体」と呼ぶ（提供：産総研地質調査総合センター／吉川敏之氏）

一般的に陸地は地表を流れる川によって削られどんどん低くなっていきますが、石灰岩が土台となるカルスト地域では、水が地下に染み込んで鍾乳洞を作ってしまいます。つまり、水は地表を流れず川により侵食されないので、比較的高い台地として残るのです。

秋吉台の西部には、ドリーネがつながってできた大きなくぼ地「ウバーレ」に発達した集落があります。ここもカルスト地形なので地表に川はなく、水をたくさん必要とする稲作は行われませんでした。一方で、水はけのよい土壌を生かし、ゴボウなどの根菜類が作られました。

4億年前～
デボン紀
（古生代）

古生代大陸「黒瀬川古陸」の欠片
列島形成のカギを握る「黒瀬川帯」

四国中央部に東西に分布する「黒瀬川帯」は、年代も形成場所もまったく違う秩父帯の中に断続的に分布する特殊な地帯です。そのルーツは超大陸が存在した古生代にまで遡ります。

須崎海岸の縦縞の地層は、火山灰起源の凝灰岩から成る（提供：四国西予ジオパーク推進協議会）

愛媛県南西部に位置する西予市にある、半島状に突き出た須崎海岸に立つと、地面の岩石が縞《しま》模様になっており、近くにそびえ立つ大きな岩にも縦縞《たてじま》模様があることに気づきます。本来、水平だった地層が横倒しになり波に侵食されて作られた場所です。

この地層を含む地帯は、西予市城川町にあった旧黒瀬川村にちなんで「黒瀬川帯」と呼ばれ、断続的ながら九州から関東まで帯状に分布します（図1）。実は、この黒瀬川帯は少し変わった特徴を持ち、日本列島形成のカギを握る重要な地帯なのです。

変わり者の地層群「黒瀬川帯」

黒瀬川帯を成す、須崎海岸の少し赤みがかった岩石は「酸性凝灰岩《さんせいぎょうかいがん》」という堆積岩です。この岩石は硬く二酸化ケイ素が多い点で、放散虫が堆積してできたチャートと似ていますが、この地域の凝灰岩は火山灰が押し固められてできたものです。ここでの「酸性」とは、二酸化ケイ素が多いことを意味し、いわゆる「酸性・アルカリ性」とは異なります。

地層に含まれる石灰岩中のサンゴ化石から、黒瀬川帯を特徴づけるこの地層は4億

1 秩父帯、黒瀬川帯、南部北上帯、飛騨外縁帯の分布

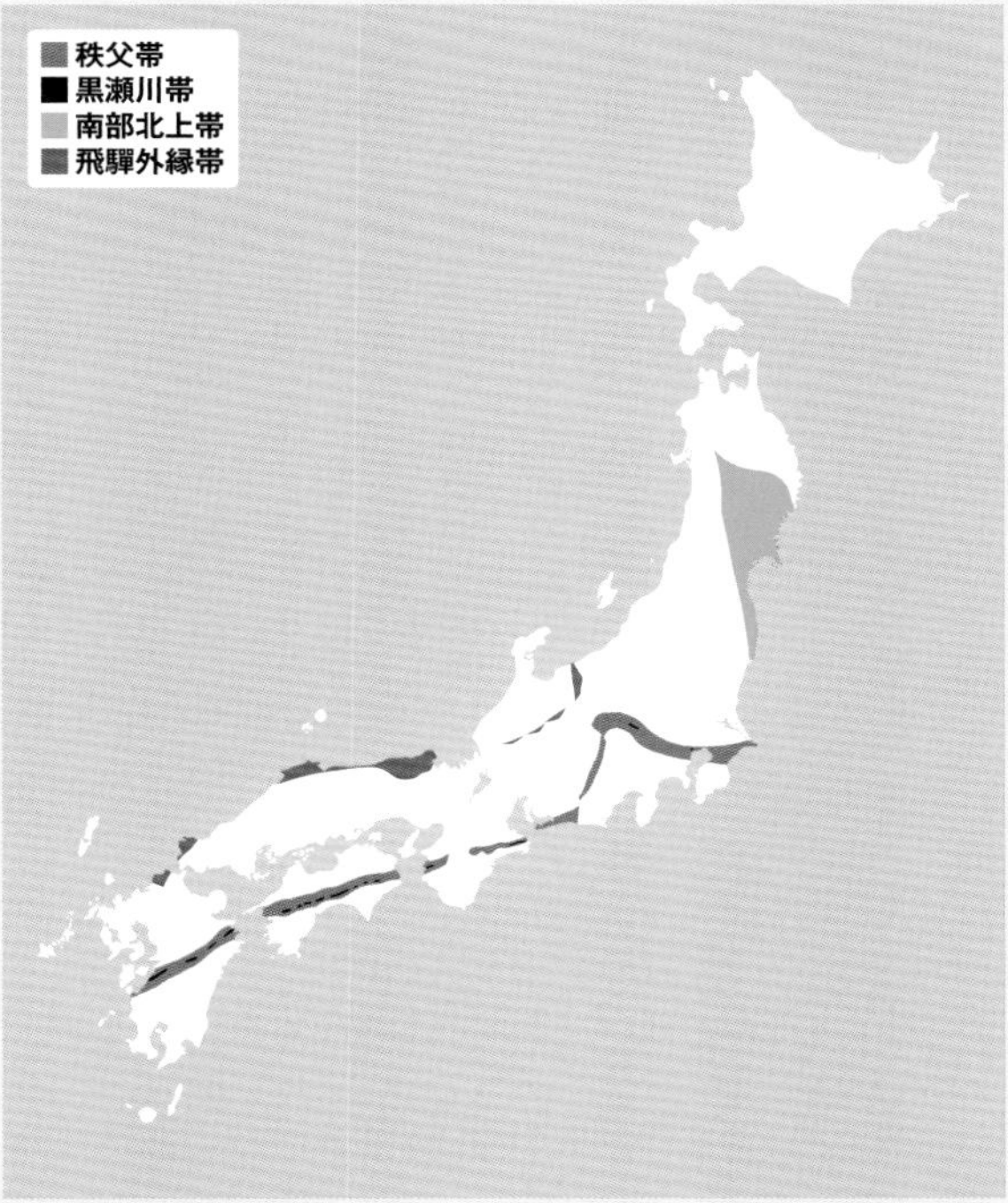

日本列島には主に古生代に起源を持つ黒瀬川帯、南部北上帯、飛騨外縁帯が点在し、黒瀬川帯がより新しい時代の秩父帯にどのように含まれたのか、いまだ謎だ

年前のものとされます。

黒瀬川帯の分布は少し変わっています。黒瀬川帯は、四国中央部の東西に帯状に分布する秩父帯の中に、断続的に混じって分布しているのです。秩父帯は古くても3億5000万年前の石灰岩を含む2億年前～1億5000万年前（ジュラ紀）に形成された付加体なので、黒瀬川帯は5000万年以上も後に作られた地層に取り込まれたことになります。

秩父帯は、もともとは中央海嶺や深海底にある火山で作られた玄武岩質の岩石と海底堆積物からできています。玄武岩は黒っぽい見た目の岩石で二酸化ケイ素の割合が少なく、海洋地殻の材料でもあります。一方、黒瀬川帯の凝灰岩は、酸性の火山灰、つまり二酸化ケイ素を多く含むマグマに由来し、それは大陸や列島の火山で作られたものです。

このように、黒瀬川帯は年代もできた場所もまったく違う地層の中に取り込まれた、とても珍しい地帯なのです。しかし、どのように取り込まれたのか、そのメカニズムについてはさまざまな見解があります。

黒瀬川帯は大陸だった？

では、黒瀬川帯はどこから来たのでしょうか。その成り立ちには、いくつかの考え方があります。まずは、黒瀬川帯がかつて赤道付近に存在した1つの大陸だったという説。「黒瀬川古陸」と呼ばれるその大陸はさらに、6億年前から存在していたゴンドワナ超大陸の一部だったと考えられています。

次は、1つだった地質体が地殻変動でバラバラになり、現在の沖縄付近から1000キロメートル以上横にずれ南部北上帯、飛騨外縁帯、黒瀬川帯（図1）になったという説です。

3つ目の説は、黒瀬川帯は西南日本内帯から南に、掛け布団のようにズルズルと移動してきたナップ構造（88ページ参照）だとする説。最近ではこのナップ説が有力視されています。

黒瀬川帯のルーツは、付加体によって日本列島が作られた以前の歴史を知るための重要なカギになるとして、今後の研究が期待されています。

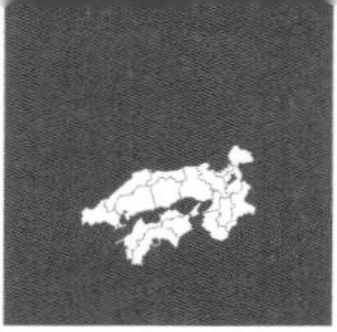

1億3000万年前〜
白亜紀
（中生代）

「日本列島付加体説」発祥の地

赤道から運ばれた地層「横浪メランジュ」

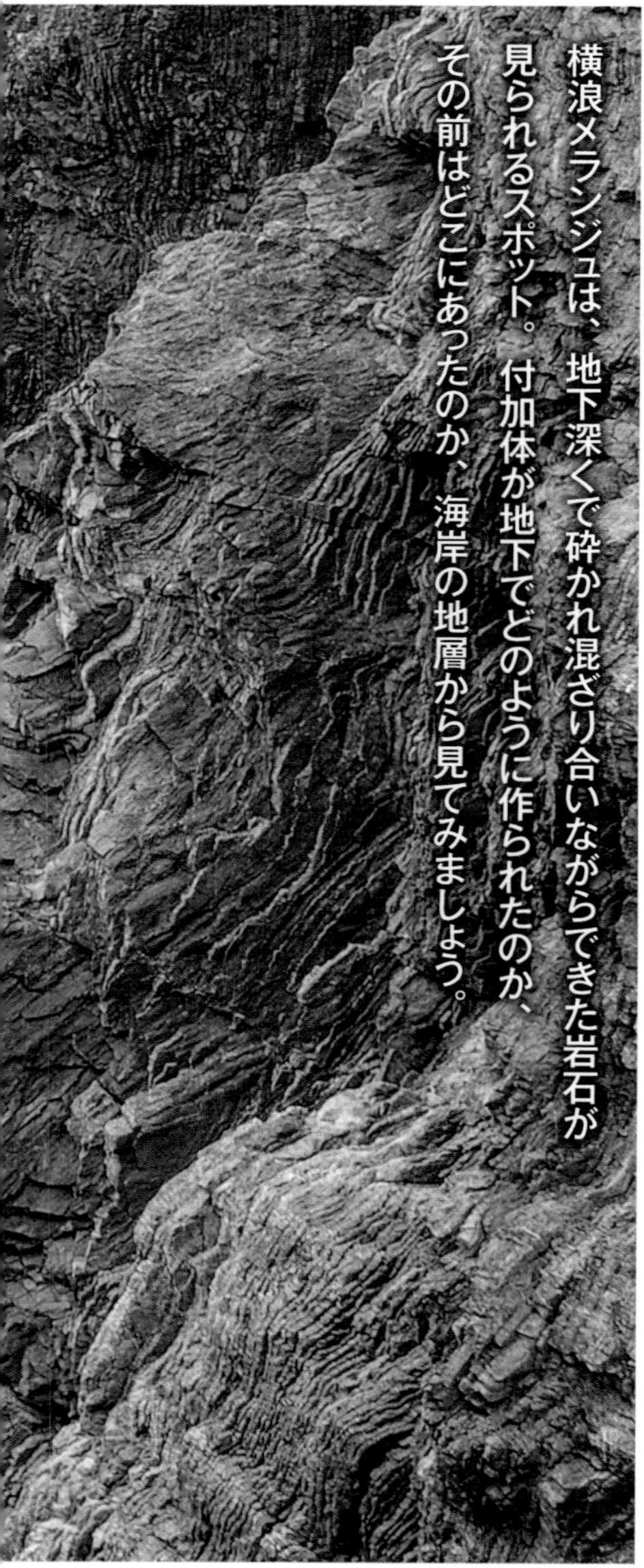

横浪メランジュは、地下深くで砕かれ混ざり合いながらできた岩石が見られるスポット。付加体が地下でどのように作られたのか、その前はどこにあったのか、海岸の地層から見てみましょう。

高知県の横浪メランジュの層状チャート。中生代の放散虫化石が報告されている（提供：坂口有人氏）

1 室戸沖の海底地形と地下構造

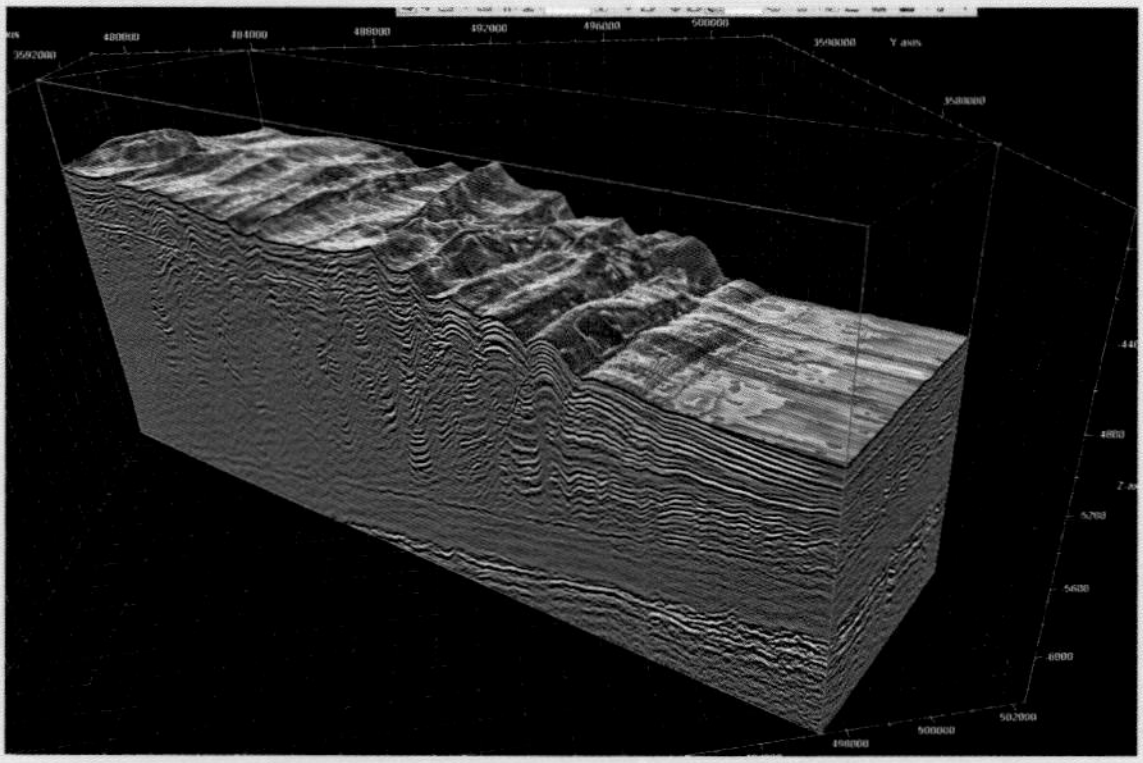

海洋物理探査によって明らかになった室戸沖南海トラフ先端部の付加体の様子。図2の解説図と見比べてほしい（提供：木下正高氏）

高知県土佐市の五色《ごしき》ノ《の》浜《はま》に分布する横《よこ》浪《なみ》メランジュは、付加体がどのように作られたのかをよく示す地質体として、国の天然記念物に指定されています。

メランジュとはフランス語で「混合」という意味で、ここではさまざまな岩石が変形しながら混合した状態のものを指します。

地層を乗せた海洋プレートが狭い海溝にもぐり込む時、プレート上の地層は大陸プレートの縁にしごかれるように剥ぎ取られて付加体となります（図1、2）。この時、付加体は破砕《はさい》されてごちゃ混ぜになったり、大陸側の古い付加体が地す

2 日本列島形成史を塗り替えた「付加体」

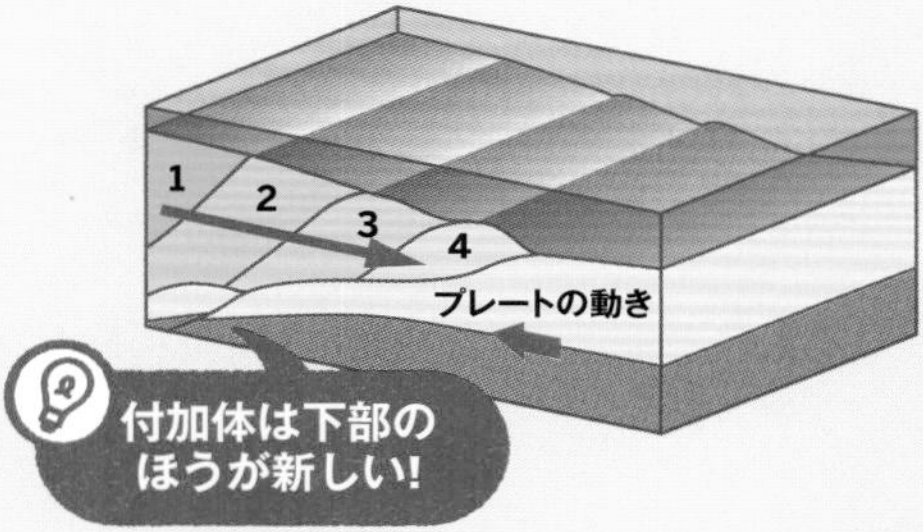

海洋プレートの上の堆積物が海溝に沈み込む時に引きはがされ、陸側に押し付けられて「付加体」という地層を作る（1→4の順）。下から押し付けられるため、新しい地層が下になる逆断層が形成される（出典：産総研地質調査総合センターのウェブサイト https://gbank.gsj.jp/geowords/picture/illust/growth_of_accretionary_complex.htmlをもとに作成）

べりで移動してバラバラになったりしてメランジュは形成されます。

四万十帯が付加体だと認識されたのは意外にも1980年代と最近のことです。

横浪メランジュは、四万十帯が付加体であることが証明された舞台でもあり、日本列島形成史を理解する上で重要なスポットです。

付加体の〝聖地〟四国の四万十帯

日本列島の土台は、その多くが付加体で構成されています。

四国の地質はそれをよく表しており、

3 四国の地体構造図

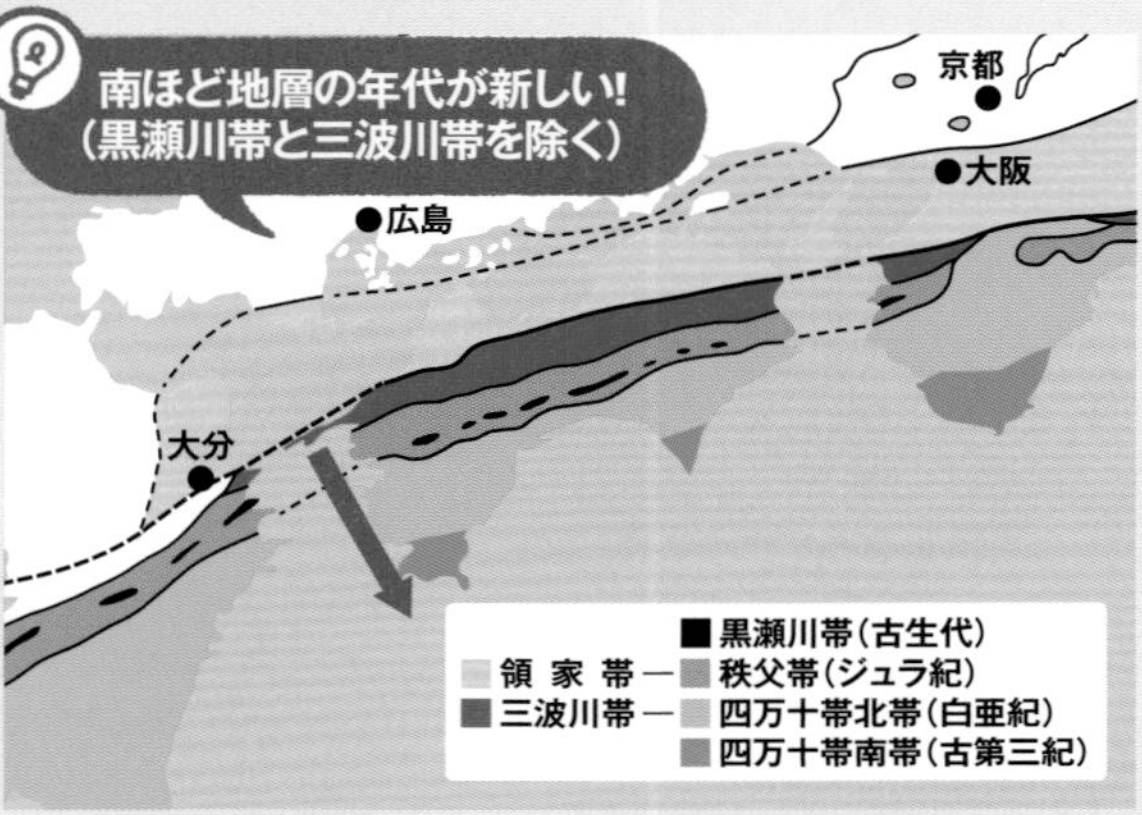

海に向かって付加体は成長したが、黒瀬川帯を乗せた秩父帯の下に三波川帯ー四万十帯北帯が存在すると考えられている

おおざっぱに見ると付加体が横縞模様に分布しています。

北から領家帯《りょうけたい》、中央構造線を挟んで三波川帯、秩父帯と並んでおり、土佐市周辺に分布するのが四万十帯です（図3）。

白亜紀の付加体からなる四万十帯北帯は、赤道域の火山活動で形成された玄武岩や放散虫が堆積してできたチャートが3000キロメートル以上移動して大陸縁に到着し、1億3000万年前〜7000万年前に沈み込んで作られたもので、関東から沖縄まで帯状に分布しています。

四万十帯北帯の一部である横浪メランジュは、海溝に沈み込む時に岩石や堆積

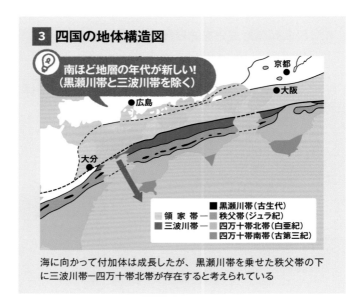

物が変形して織り込まれ、大陸の砂岩などが混ざり込んでできたものと考えられています。

海岸を歩いていると、流動するセメントの中に大きな石が入り込んだような状態の岩石がいくつも見られます。これは泥の層の中に、すでに固まっていた砂岩のかけらが取り込まれ、付加後に固結し、変形したもので、そのような地層が広く分布しているものがメランジュです。取り込まれた岩石の欠片は数センチメートルから数キロメートルにもなります。

堆積する順序はいつも同じ「海洋プレート層序」

横浪メランジュでは、海底で作られた地層のすべてを見ることができます。「地球の表層は何枚ものプレートに分かれていて、それぞれが異なる動きをしている」というプレートテクトニクスはご存知でしょう。例えば、太平洋プレート上にあるハワイ諸島は1年に6センチメートルの速度で日本に近づいています。

このような活動は地球上で絶えず起こってきたことであり、海底を旅して作られた四万十帯にもその履歴が地層として残っています。

地層のパターンは、古い順から玄武岩、石灰岩、チャート、砂や泥という順番に積もっており、「海洋プレート層序」と呼ばれます。

その形成を順に追っていくと、まず、海嶺や海山の火山活動で海洋プレートの基盤となる玄武岩が作られます。そして、海嶺から離れるにしたがって浅い海ではサンゴや石灰質の殻を持つプランクトンなどが石灰岩を作ります。次に、深海底に達すると二酸化ケイ素の成分の殻を持つ放散虫が堆積してチャートを作ります。最後に、大陸縁辺部に近づくと大陸から砂や泥が流れ込んで砂や泥の層を作るのです。

横浪メランジュではそのすべてが露《あら》わになっており、地層が旅した億年単位の時間を感じられるのです。

海中で堆積した証拠層状チャートと枕状溶岩

四万十帯の中でも必見に値するのが層状チャートです。数十メートルにわたって細かい無数の層が縦に重なっている様子は圧巻（156～157ページの写真）。地層

室戸岬付近のダイナミックな砂岩泥岩互層。陸源の乱泥流堆積物（タービダイト層）で構成される、付加体に特徴的な地質体だ

が立っているのは、プレートの沈み込みによって縦に押し付けられたためです。

　また、枕状溶岩も見逃せません。枕状溶岩とは枕を束ねたものを横から見たようなモコモコしたかたちの溶岩です。枕状溶岩は、海嶺や海山で玄武岩質の溶岩が海中に流れ出した時に、海水に触れた表面が固まり、中の熱い溶岩がそれを突き破ってまた冷え固まる、ということを繰り返して作られたものです。

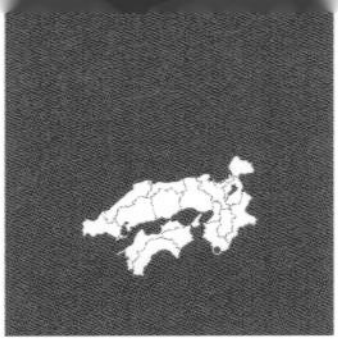

5000万年前～
古第三紀
（新生代）

プレート運動で折りたたまれた圧巻の地層

牟婁層群の「フェニックスの褶曲」

地層が折りたたまれたような「フェニックスの褶曲」は、海底の地層が強い力で押し込まれてできました。日本列島形成史にも深く関わる地層の成因は何でしょうか？

すさみ町の海岸にある「フェニックスの褶曲」。プレート運動により褶曲した砂岩泥岩互層からなる

和歌山県南西部、西牟婁《にしむろ》郡すさみ町の海岸には「フェニックスの褶曲《しゅうきょく》」と呼ばれる褶曲露頭があります。世界的に有名な地質スポットで、国内では中学理科の教科書にも載っています。数十センチメートルから1メートルほどのいくつもの地層が密に折りたたまれている様子は圧巻。「フェニックス」は、近くの地名「アマドリ」を「天鳥」と解釈して、さらに英訳したものだとされています。

砂岩泥岩互層は過去の乱泥流が作った

フェニックスの褶曲の中には褶曲構造が横倒しになっているもの（横臥《おうが》褶曲）が多くありますが、その場合、地層の逆転が起きます。地層は新しいものほど上に積み重なっていきますが、横倒しになった場合、その地層を下から見ると新→古→新という順番となり、その一部を切り取って考えれば古い層が上に積み重なっています。

地層の逆転も見られるフェニックスの褶曲の縞々は、砂岩と泥岩が交互に積み重なった「砂岩泥岩互層」から成ります。砂岩泥岩互層は海底に、「乱泥流《らんでいりゅう》」と呼ばれる海底の速い流れによって大量に運ばれてきた砂や泥が堆積することによって作られるの

1 海底扇状地の形成と付加体

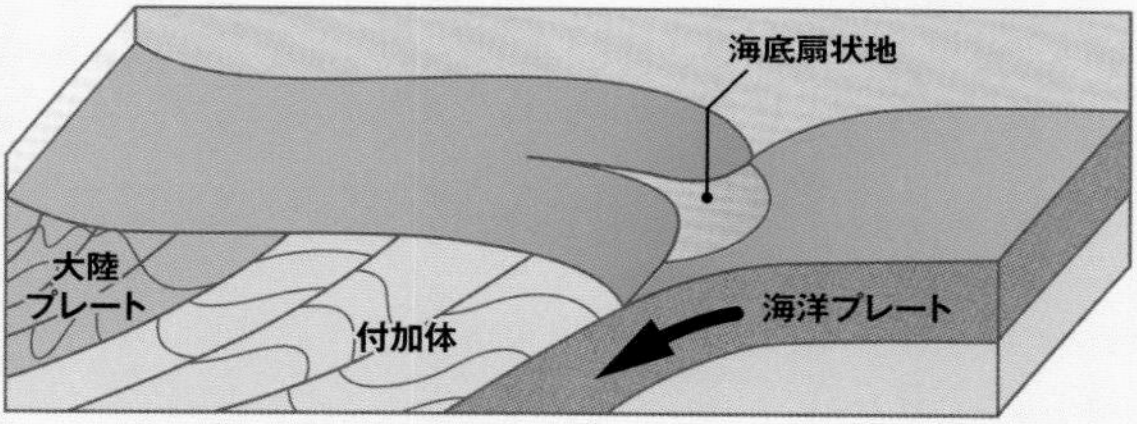

「フェニックスの褶曲」が属する牟婁層群は、海溝に形成された海底扇状地の堆積物を起源に持つ砂岩泥岩互層（5000万年前〜2500万年前）。堆積物が固くなっていない時期に、プレートの運動によって海溝の陸側斜面に押し付けられて付加体となり、その後、隆起して現在の姿になった（出典：南紀熊野ジオパーク推進協議会の図をもとに作成）

です。

　164ページの砂岩泥岩互層の断面写真を注意深く観察すると、写真の人物の手のあたりでは上のほうほど砂粒が小さくなり、黒っぽい泥に変わっていることに気づくでしょう。

　水中では粒が大きいものほど速く下に沈むので、砂と泥が混在していれば砂の層が下に、泥の層が上に堆積します。このような特徴は「級《きゅう》化《か》層理」と呼ばれ、地層の上下を判定するのに役立ちます。つまり、1回の乱泥流で砂層と泥層の組み合わせが1つ作られることになります。

　このように砂岩泥岩互層は、乱泥流が繰り返されてきた証拠なのです。

地層を折りたたんだ大きな力の正体

フェニックスの褶曲の構造は、どこでどのような力が働いて作られたのでしょうか。そこには、プレートの沈み込みが深く関わっています。

フェニックスの褶曲の砂岩泥岩互層は古第三紀の付加体である四万十帯南帯の一部で、5000万年前～2500万年前（始新世～漸新世、古第三紀）に付加した牟婁層群というグループに属します。

フェニックスの褶曲は、約2500万年の間の海洋プレートの沈み込みに伴って、牟婁層群が大陸プレートの縁に付加された時、砂岩や泥岩の層が折り込むように押し付けられた結果できたと考えられています。ぜひ現地を訪ねて、この褶曲を作り出した地球のダイナミックなパワーを感じてください。

Column

砂岩泥岩互層にマグマが貫入!「須佐ホルンフェルス」

（提供：萩ジオパーク推進協議会）

山口県萩市、須佐《すさ》湾の海岸北部の「須佐ホルンフェルス」は高さ12メートルの砂岩（灰白色）と泥岩（黒色）からなる砂岩泥岩互層です。この互層を、1400万年前に発生したマグマが地中深くで貫きました。その時に、高温のマグマに触れて熱変成を受け、地層中の岩石に含まれる鉱物が再結晶して接触変成岩が形成されました。

ただし、この露頭は熱変成の影響が弱いので、「須佐の砂岩泥岩互層」と呼ぶのがふさわしいでしょう。

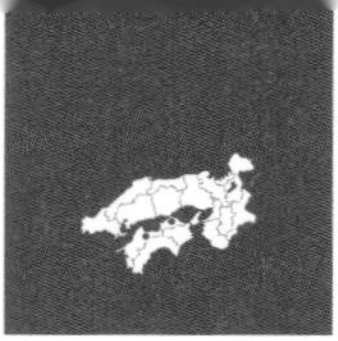

1400万年前～
新第三紀
（新生代）

若いプレートの沈み込みがもたらした火山岩類

火山活動で生まれた屋島と石鎚山

１５００万年前に日本海の拡大は終了しました。
その１００万年後には、できたてのフィリピン海プレートが、
当時の日本列島の下に潜り込み大量のマグマが発生。
噴出した安山岩は香川の屋島や愛媛の石鎚山となりました。

てっぺんが平らな香川の屋島は、硬くて水平な地層が侵食によって残った「メサ」と呼ばれる地形だ（提供：香川県観光協会）

1 活火山の分布と火山フロント

「火山フロント」と呼ばれる火山帯の末端をつないだ線から海溝側に遠ざかると活火山はなくなる（出典：高木秀雄著『年代で見る 日本の地質と地形』の図をもとに作成）

中国・四国地方の火山フロントは、鳥取県の大山《だいせん》、島根県の三瓶山《さんべさん》、山口県の徳山金峰山《きんぽうざん》など日本海側に近いラインに位置しています（図1）。しかし、1400万年前頃（新第三紀）にまで遡ると、火山はいまよりだいぶ南のほうにありました。瀬戸内海に沿うように中央構造線付近のラインに並び、大規模な火山活動が起きていたと考えられています。

日本海拡大と〝若い〟フィリピン海プレート

1500万年前は、大陸の一部だった日本列島が引き離されて日本海が誕生す

2 1400万年前の日本列島

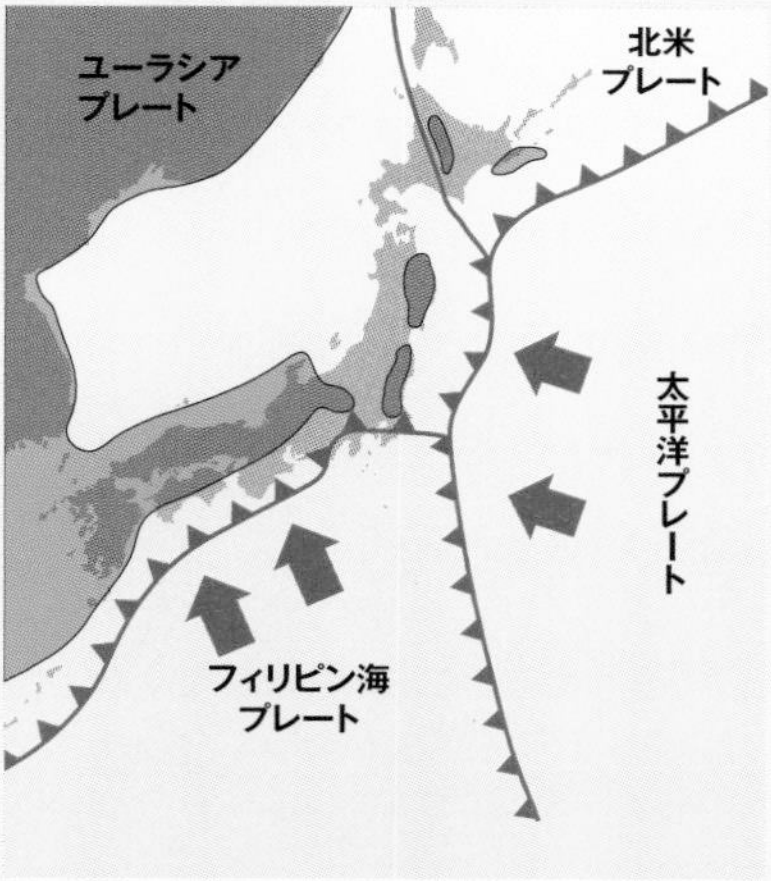

日本海が拡大し終わった後、できたての新しいプレートが沈み込み、中央構造線付近で火山ができた（イラスト：マカベアキオ）

るというイベントが終了した時代です（図2）。それに伴い、東北日本は反時計回りに、西南日本は時計回りに回転して現在の折れ曲がったかたちが作られ、日本海は拡大しました。

１４００万年前の活発な火山活動は、このダイナミックな地殻変動の影響でマグマが作られやすくなったため起きたと考えることができます。

火山フロントは、海洋プレートが沈み込んで、マグマが作られる深さ１００キロメートルに達した地点の直上の地表面に位置づけられます（図３）。

１４００万年前の中国・四国地方の火

3 沈み込み帯におけるマグマと火山の位置関係

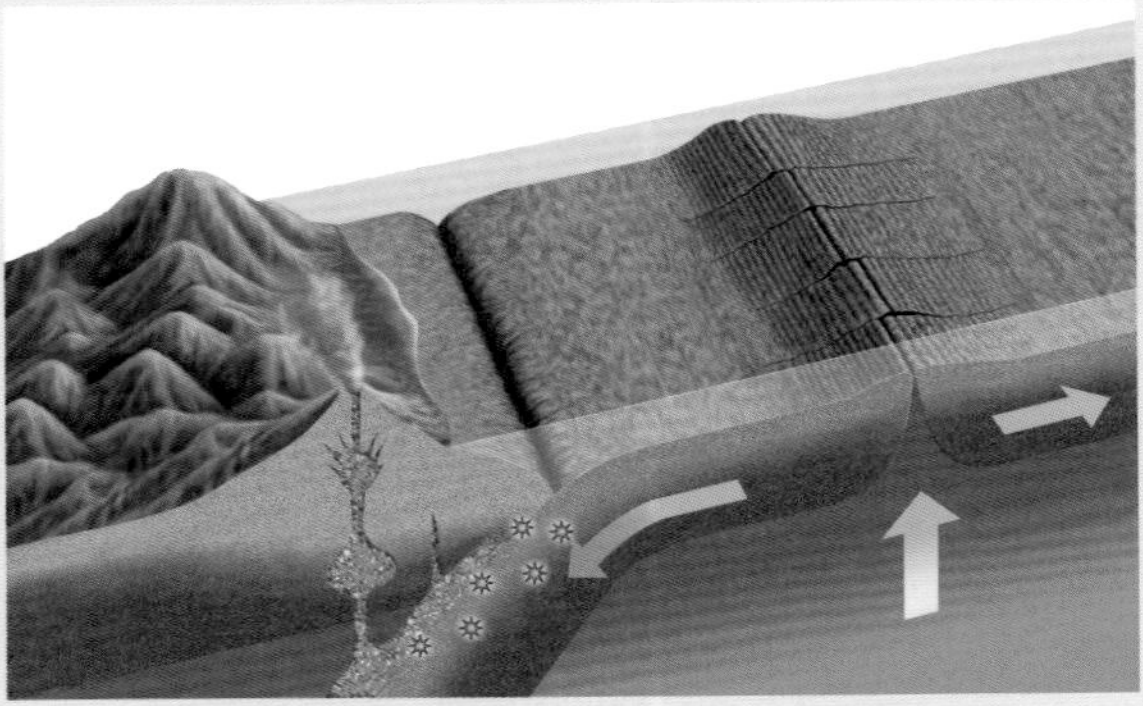

海洋プレートが海溝に沈み込み、深さ100kmの地点で含まれていた水が反応してマグマが作られ、火山の形成につながる（イラスト：マカベアキオ）

山フロントがいまよりずっと南側（南海トラフ側）にあった理由は、沈み込むフィリピン海プレートが誕生したばかりで熱く、地下の浅い地点でもマグマが作られやすかったからではないかと考えられています。

この時の火山活動で大量に噴出した溶岩を「瀬戸内火山岩類」と呼びます。香川県の五色台《ごしきだい》、讃岐富士、大阪・奈良県境の二上山《にじょうざん》や奈良県室生《むろう》火山群、愛知県設楽《したら》の鳳来寺山《ほうらいじさん》、さらに香川県の屋島《やしま》や愛媛県の石鎚山《いしづちさん》などをつくる火山岩がそれにあたりますが、ここでは屋島と石鎚山を見ていきましょう。

4 デジタル標高地形図「高松」（2.5万分の1）

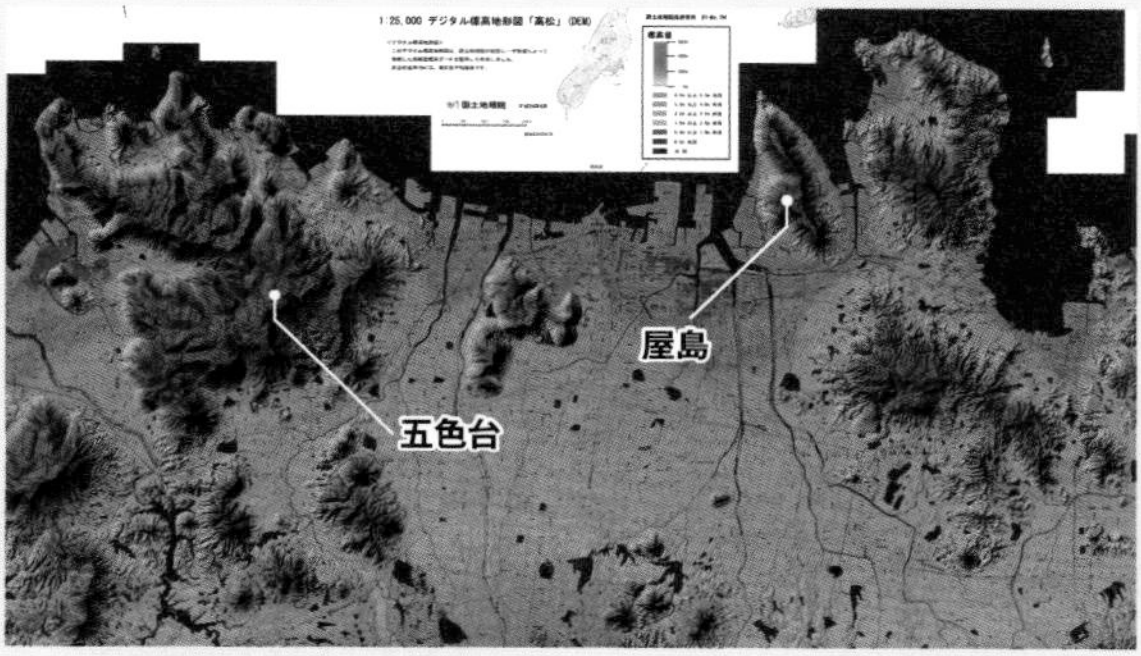

赤い部分は標高が高い場所を示している。屋島の「メサ」、緑色の比較的標高の低い場所に点在する「ビュート」が確認できる（出典：デジタル標高地形図「高松」、国土地理院 http://www.gsi.go.jp/common/000184266.jpg に地名を追記）

市街地の侵食地形「メサ」と「ビュート」

テーブル状の山、屋島（標高292メートル）は香川県高松平野の東に位置します（図4）。屋島は1400万年前の噴火で流れ出た瀬戸内火山岩類の溶岩が、長い歳月をかけて侵食されて取り残された丘です。屋島のように、硬くて水平な岩体が侵食によって残った地形を「メサ」と呼びます（図5）。

屋島のある沿岸部から内陸方向に目を向けてみると、讃岐平野には円錐形の小さな山が点在し、独特の景観が広がって

5 メサとビュートの概念図

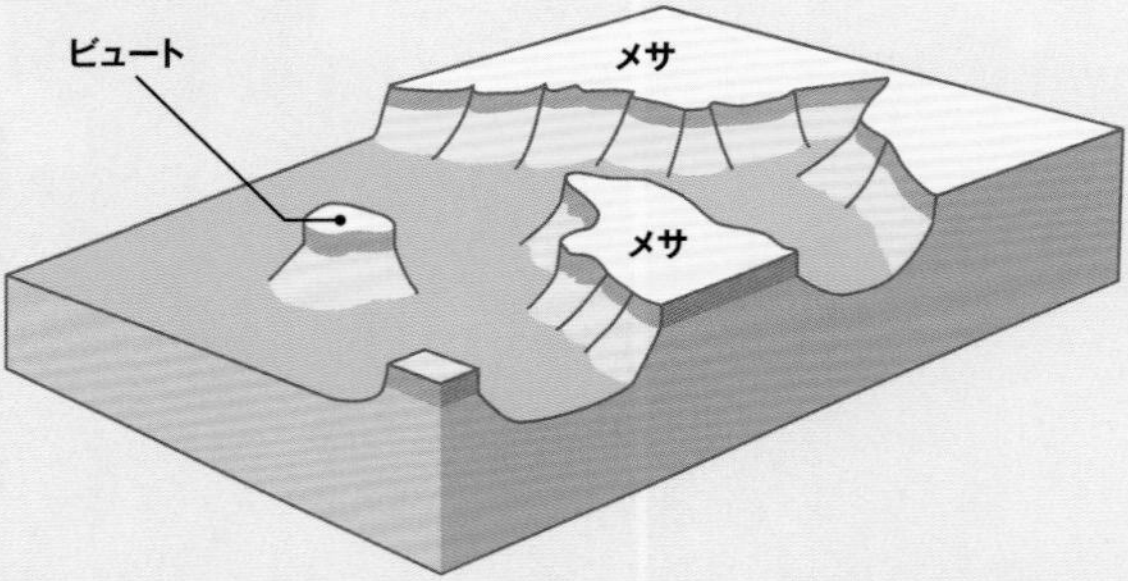

屋島のように、硬くて水平な地層が侵食によって残った地形を「メサ」と呼ぶ。メサがさらに侵食されて残ると「ビュート」と呼ばれる地形になる（出典：Monkhouse, F.J. 1965をもとに作成）

います。総称して「讃岐富士」と呼ばれるこの山々も屋島と同様、１４００万年前の噴火で発生した溶岩によって作られました。

その正体は、メサがさらに侵食されて細長いかたちに残った「ビュート」や、マグマの通り道から地中に顔を出した溶岩（マグマが地表に出たものを溶岩と呼びます）が冷え固まり、侵食されて残ってできたものです。

瀬戸内火山岩類の中でも、五色台付近に産出する緻密なものは「讃岐岩」、別名「サヌカイト」と呼ばれ、叩《たた》くとカンカンと金属音が出るので「カンカン石」とも呼ばれます。そのきれいな音から、磬《けい》という鉄琴のような楽器に使われました。また、割ると鋭利な断面

讃岐富士とも呼ばれる飯野山は標高422m。メサが侵食されて「ビュート」となった（提供：香川県観光協会）

ができるために縄文時代から弥生時代には矢じりや石刀などの道具として使われたこともわかっています。サヌカイトは、時代とともにさまざまにかたちを変えて人々に親しまれてきたのです。

カルデラ壁の名残
四国が誇る名峰・石鎚山

愛媛県北東部、西条《さいじょう》市と久万《くま》高原町の境界にそびえ立つ近畿以西で最高峰の山、石鎚山（標高１９８２メートル）は、日本百名山にも選ばれた名峰です。頂上が尖った烏帽子《えぼし》のようなかたちをしたこの山は、１４００万年前の噴火でできた「カルデラ壁」が侵食され残

愛媛県西条市と久万高原町の境界にある石鎚山。かつては直径8kmのカルデラを形成していた。氷期に凍結と融解を繰り返して侵食されやすい岩肌になったと考えられている（提供：西条市観光振興課）

ったものです。

巨大噴火でマグマが一気に噴出すると、マグマの入れ物である地下の「マグマ溜まり」に空洞ができます。するとマグマ溜まりの天井が陥没してくぼ地ができます。このくぼ地がカルデラで、カルデラを囲んでそびえる壁をカルデラ壁と呼びます。

かつて存在した火口は、ここから4キロメートル南にあるV字谷の渓谷「面河渓《おもごけい》」周辺にあったと考えられ、侵食される前は直径8キロメートルの環状のカルデラ壁がありました。そのほとんどが崩れてしまった理由は、氷による風化だと考えられています。

最終氷期が到来した2万年前頃は特に寒冷

な気候のため、いまよりも氷ができやすかったのです。そのため、カルデラ壁を構成する岩石の隙間に入り込んだ水が凍っては融けるということを繰り返しました。水は凍ると体積が大きくなるので、氷によって岩石の隙間が広げられ、もろくなったり破壊されたりします。

このようにしてカルデラ壁の岩肌は風化して侵食され、残った部分が石鎚山となりました。

石鎚山は、かつては山岳信仰の山として、現代では「四国の名峰」の1つとして、ながく人々に親しまれています。

1500万年前〜
新第三紀
（新生代）

紀伊半島に巨岩・奇石が多いワケ
失われた熊野カルデラ侵食地形に残る岩脈

紀伊半島南部、霊場として知られる熊野にはかつて、東京23区の面積ほどの巨大なカルデラが存在しました。現在は侵食された地形として見られます。カルデラ由来の異景を熊野の民話とともにたどりましょう。

和歌山県串本町にある「橋杭岩」。串本町から紀伊大島の間に大小40余りの岩脈の名残が立っている。大きな転石は津波石という説もある（提供：串本町）

1 南紀熊野の地質

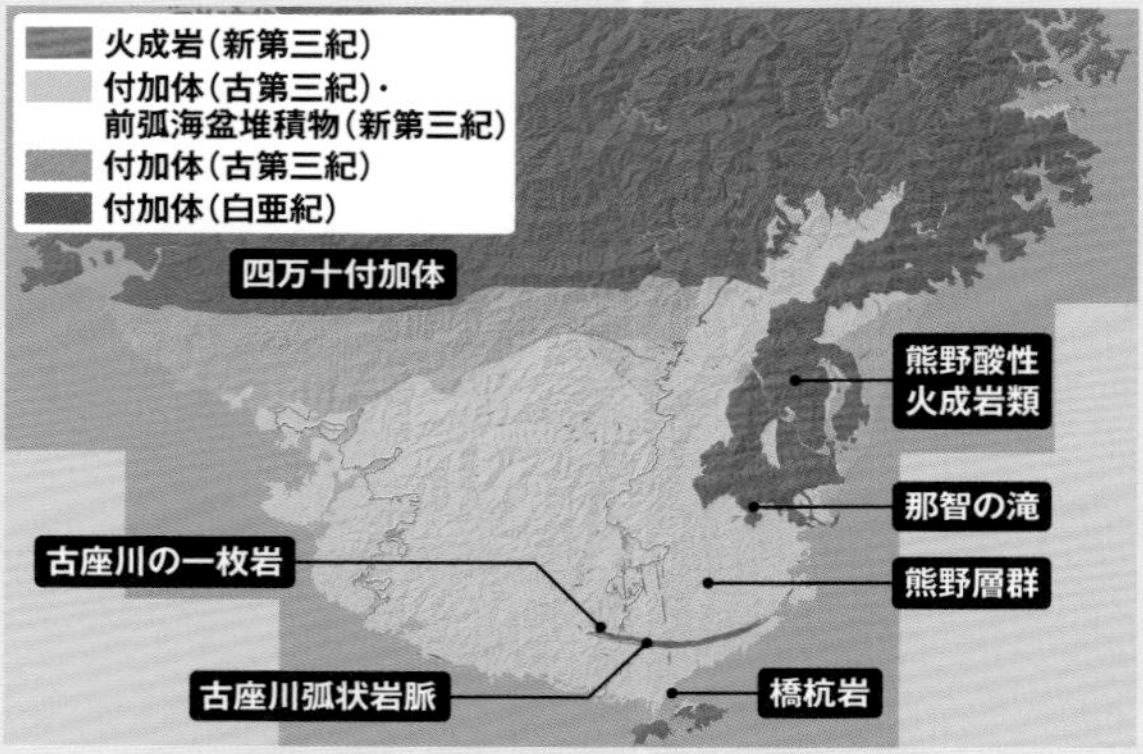

紀伊半島南端の熊野地方の地質図。那智の滝や橋杭岩のある地域は、熊野層群という、海で堆積した地層を突き破るように熊野酸性岩（熊野酸性火成岩類）が分布している。三日月状に確認できる火成岩帯「古座川弧状岩脈」は「熊野カルデラ」の痕跡
（出典：20万分の1日本シームレス地質図V2〔産総研地質調査総合センター〕の簡略版をもとに作成）

本州最南端に位置する紀伊半島は、標高1500メートル級の険しい山々が海に突き出すような地形をしています。このような地形は豊かな降水量によって形成されました。

紀伊半島では、太平洋からの水蒸気が山にぶつかって雲が発生しやすく、年間3000ミリメートルの雨が降ります。大量の降雨が作る川が山地を激しく侵食して、深い谷と急峻な山地を作り出すために、平野が発達しにくいのです。平野がないと

2 カルデラのでき方

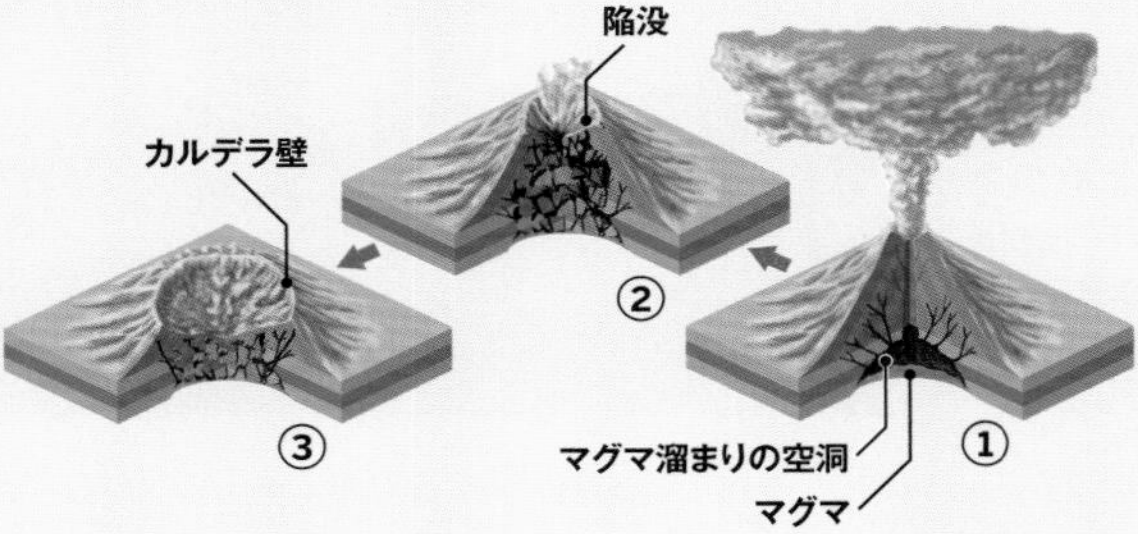

①火山噴火が繰り返されて地表に火山ができる一方、地下のマグマ溜まりに空洞ができる。②マグマ溜まりの空洞を満たすため火口付近が陥没する。③陥没が進むとカルデラ壁と呼ばれる急な崖で囲まれた状態になる（イラスト：マカベアキオ）

いうことはつまり、人が集まって住みにくいということです。

紀伊半島ならではの深い森や滝、奇岩などは自然崇拝の霊場になり、中世から信仰の対象とされてきました。

1500万年前の噴火と古座川弧状岩脈

紀伊半島南部には1500万年前〜1400万年前の火山岩類が分布しています。現在は火山がないこの地にも、かつて巨大カルデラを形成するほどの激しい火山活動があったのです（図1）。

紀伊半島は現在、フィリピン海プレートの沈み込みに伴って隆起し続けています。また、

「高池の虫喰岩」は、古座川弧状岩脈の一部が風化し、虫食い状になった地形（提供：後誠介氏）

その地形と豊かな降水量のために激しい侵食を受け続けてきました。結果として、長い時間の中で陸地は削られ続け、火山活動で作られた地上のカルデラ地形はすっかり失われてしまいました。

しかし、地下に作られたマグマの通り道は見ることができます。その1つが半島南部にある「古座川弧状岩脈《こざがわこじょうがんみゃく》」です。古座川弧状岩脈は、東西長さ22キロメートルにわたってそびえ立つ岩の壁で、カルデラの南側を縁取っていたと考えられています。また、カルデラ内部にあった巨大な熊野酸性火成岩も侵食によって露出し、那智《なち》の滝の岩壁を作っています。

かつて地上に存在したカルデラは南北の直径40キロメートル、東西直径20キロメートルと巨大な楕円形で、日本最大のカルデラである北海道の屈斜路カルデラ（短径20キロメートル・長径約26キロメートル）よりもはるかに大きなものでした。

流紋岩質火砕岩の巨壁「古座川の一枚岩」。約20kmにおよぶ「古座川弧状岩脈」の一部（提供：古座川町）

民話に登場した巨壁「古座川の一枚岩」

紀伊半島の先端部分の10市町村を含む「南《なん》紀《き》熊野ジオパーク」では、当時の火山活動による溶岩が作り出したさまざまな奇岩や巨岩を見ることができます。古座川弧状岩脈の中央付近では、岩肌が風化して虫食い状に穴が空いた「高池《たかいけ》の虫喰岩《むしくいいわ》」や、風化でスポンジのように穴が空いた「牡丹《ぼたん》岩」が見られます。

虫喰岩と牡丹岩より西側にあるのは、古座川弧状岩脈の高さ100メートル、横幅500メートルの巨壁「古座川の一枚岩」です。この岩肌はそれほど風化が進んでおらず滑らかな表面をしており、次のような民話が残って

橋杭岩の配列がよく見えるアングル。花崗斑岩の地表部分は地下部分と比べて薄くなっている（提供：串本町）

います。

「昔、岩を食う魔物がいた。古座川沿いの岩という岩を東から食い進め、いよいよ一枚岩に噛《か》みついた時、魔物が嫌う犬が襲いかかってきた。魔物は一目散に退散し、お陰で一枚岩と上流の岩は食べられなかった」

実際、毎年4月と8月には巨大な守り犬のかたちをした影が一枚岩に現れるそうです。この民話から、当時の人は岩脈の岩肌をよく観察していたことがわかります。虫喰岩や牡丹岩が穴だらけなのに対して、一枚岩の表面が滑らかであることを不思議に思ったのかもしれません。人々の鋭い観察眼と、時々現れる犬のかたちの影によって物語が生まれたのでしょう。

岩脈が侵食された弘法大師ゆかりの「橋杭岩」

半島の南端、串本町にも古座川孤状岩脈とは別のマグマの通

3 橋杭岩のでき方

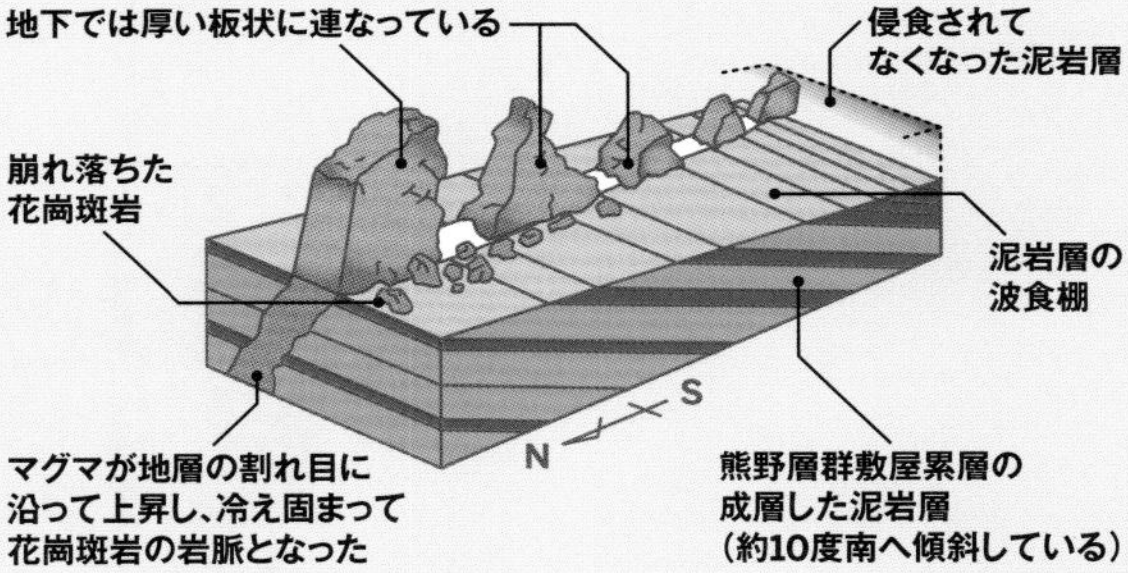

地表に露出した花崗斑岩の岩脈が波で侵食された（出典：南紀熊野ジオパーク推進協議会の現地説明板をもとに作成）

り道がありました。沿岸部には900メートルにわたって岩の塔「橋杭岩《はしぐいいわ》」が並びます。

波などで侵食されるうちに、古座川孤状岩脈と同様に、地中に埋まっていた岩脈が地上に顔を出し、壁のようだった岩脈がさらに侵食されて塔のようなかたちに残ったものです（図3）。

橋杭岩の名称の由来は、海の向こうにある紀伊大島の人々のために、弘法大師が海に橋を架けようと岩を海に立てていたところ、天邪鬼《あまのじゃく》に邪魔をされて中断してしまったために橋は完成せず、岩の杭だけが残った、という民話からきています。

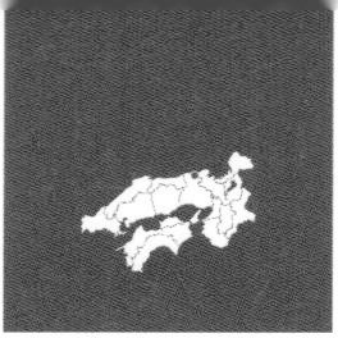

160万年前～
第四紀
（新生代）

地質ファン垂涎の玄武岩の柱状節理

地球の地磁気逆転が発見された玄武洞

松山基範博士による地球の「磁場反転発見」の地であり、玄武岩の語源ともなった豊岡の「玄武洞」。地質時代「チバニアン」の誕生で存在感が増しています。

日本海に面する兵庫県豊岡市の「玄武洞」は、江戸時代に命名された採掘跡

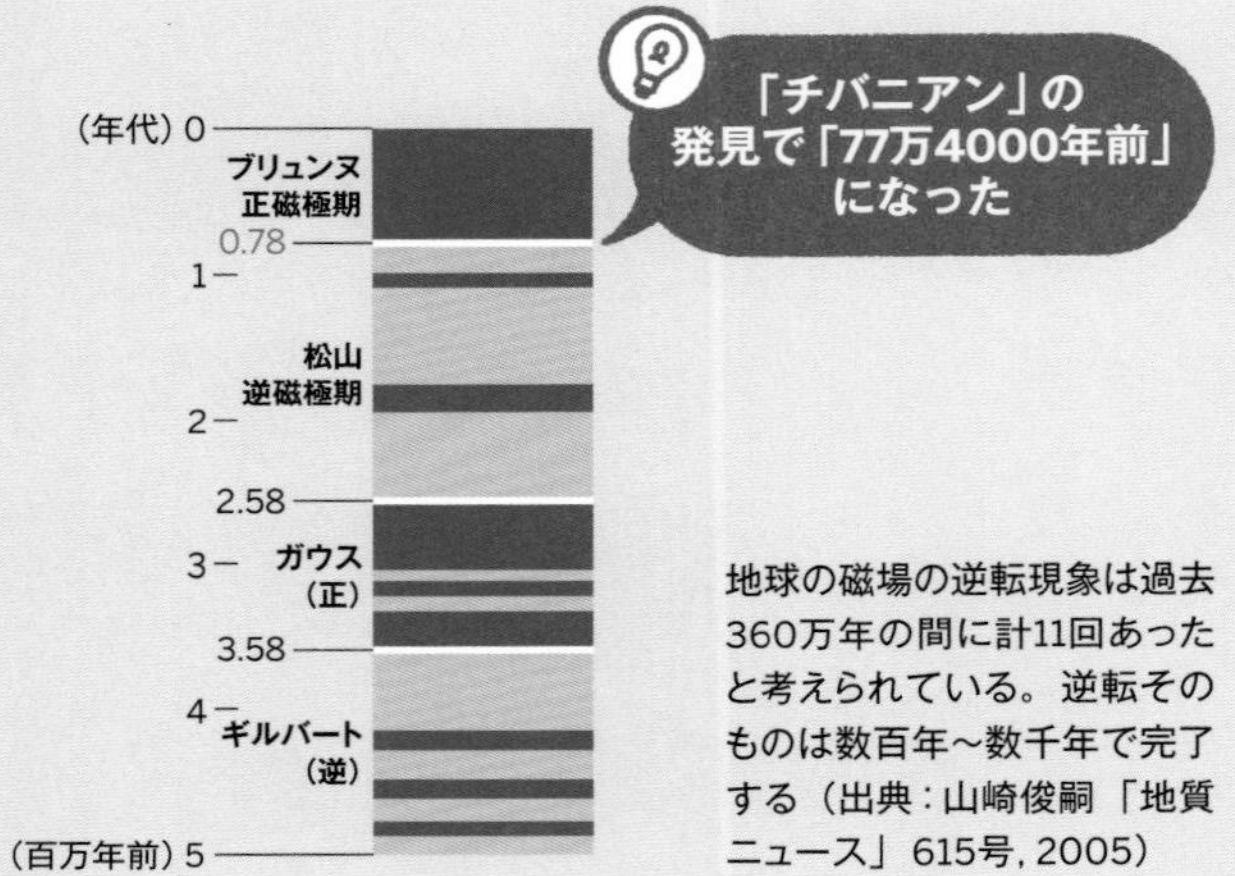

地球の磁場の逆転現象は過去360万年の間に計11回あったと考えられている。逆転そのものは数百年～数千年で完了する（出典：山崎俊嗣「地質ニュース」615号, 2005）

日本海に面する兵庫県豊岡市街地の北、円《まる》山《やま》川沿いにある玄武洞では、細い石の柱が密集した「柱状節理《ちゅうじょうせつり》」が足元から頭上高くまで続いています。これは160万年前の火山噴火で流れ出た玄武岩質溶岩が冷え固まってできました。

玄武洞は、チバニアン（119ページ）で話題になった「地磁気逆転」が発見された場所です。玄武洞はその記念の地とされ、玄武岩という名称の由来の地でもあります。

日本人による発見、地球の「地磁気逆転」

地球の磁場の向き（地磁気）はこれまで50万～100万年間に一度のペースで反転を繰

1 地磁気極性年代表

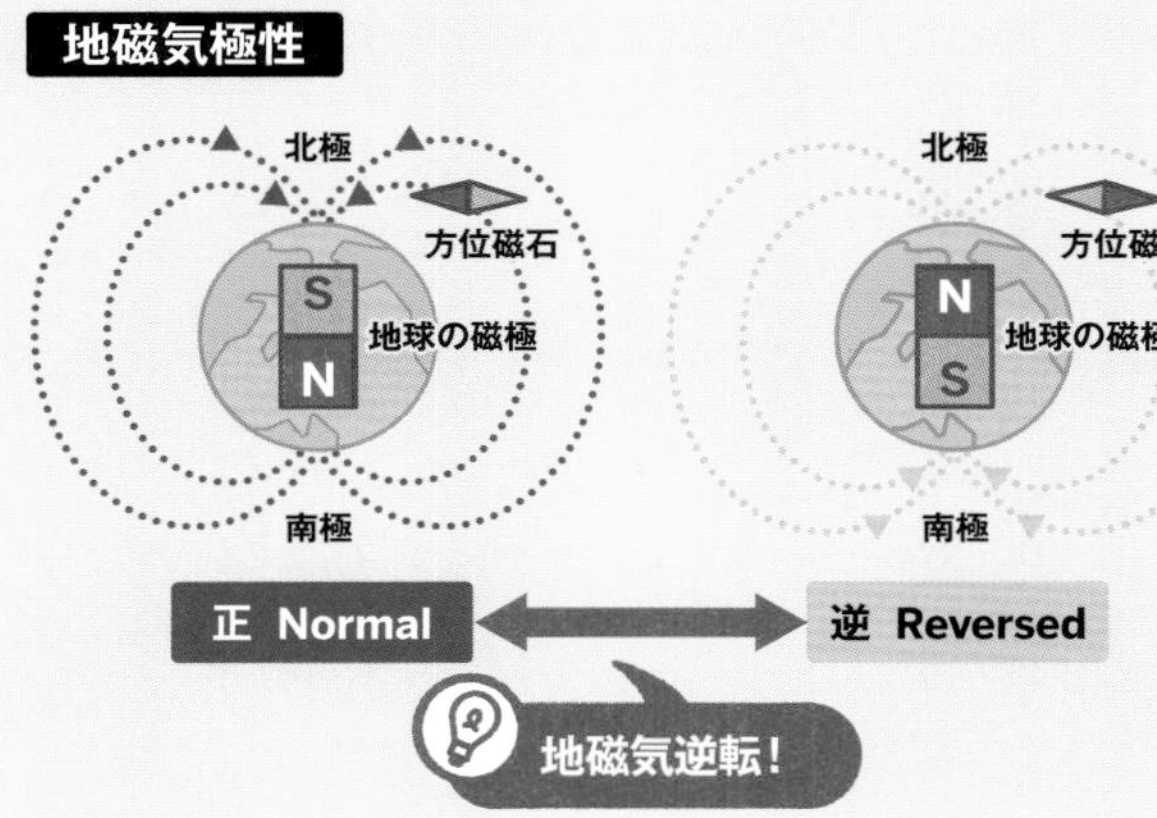

り返してきました（図1）。現在のように北極がS極、南極がN極になったのはいまから77万年前（図1は従来説の「78万年前」。チバニアンにより77万4000年前ということが確定しました）。それ以前から258万年前の間は、地磁気は逆向きでした。その時代に方位磁針を使ったなら、N極が南を向いていたはずです。

玄武岩からなぜ過去の地磁気がわかるかというと、玄武岩は鉄を多く含む熱い溶岩がゆっくりと冷えて固まる過程で、鉄を多く含む磁鉄鉱《じてっこう》などの鉱物がまるで方位磁針のように、当時の地磁気の向きを記録するからです。

地磁気逆転の発見は、日本人によるもので

した。京都大学教授だった松山基範《まつやまもとのり》博士は、東アジア各地の地層に残された地磁気を調べていく中で160万年前にできた玄武洞の玄武岩も調査し、その向きが現在の向きと逆であると気づいたのです。1929年には地磁気逆転説を発表し、地球の歴史の概念を大きく変えました。その功績から、259万年前〜78万年前の期間は「松山逆磁極期」と名付けられています。

ところで、地磁気が逆転すると、どんな影響があるのでしょうか。例えば、渡り鳥やミツバチ、イルカなど体内磁石を持つ動物の方向感覚を狂わせる可能性があります。また、気候変動や生物の大量絶滅の引き金になったと考える研究者もいます。

柱状節理のでき方

柱状節理は、高温の溶岩が冷えて収縮する時にできる割れ目ですが、身近な材料で再現できます。熱い溶岩に見立てた、水で溶いた片栗粉を乾燥させると、水分が飛んで収縮し、表面に亀裂ができます。これは、溶岩が冷え固まって収縮する様子を再現しています。乾燥した片栗粉を優しく崩すと柱状に崩れ、玄武洞で見られる景色とそ

2 柱状節理の再現実験

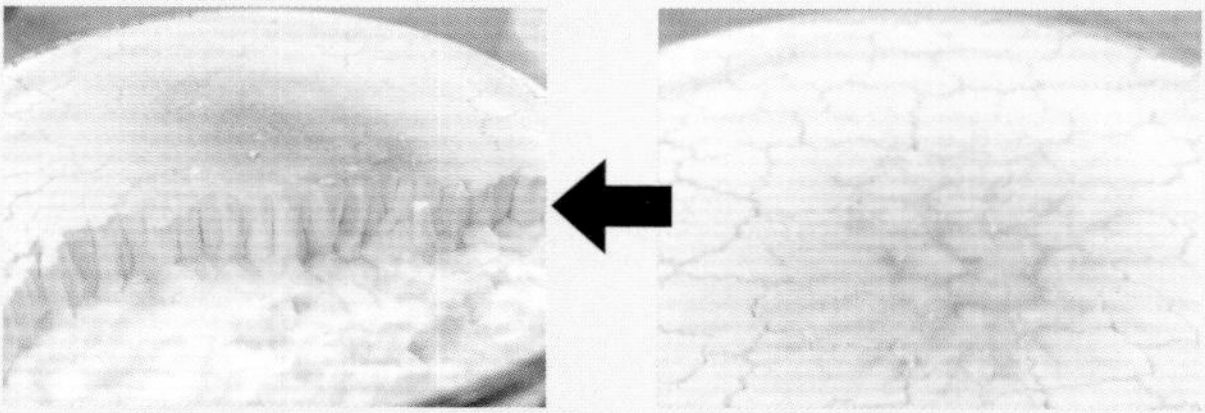

水溶き片栗粉を乾燥させると収縮して表面に亀裂ができる（右）。乾燥した片栗粉を崩すと柱状に崩れて玄武洞の柱状節理に似た構造になる（提供：鈴木雄介氏）

っくりな構造になります（図2）。

玄武洞の柱状節理の割れ目は六角形がきれいに並んだかたちになっています。これは溶岩が冷え固まる時、収縮しようと引っ張る力が均等に分散された結果作り出されたもので、最も少ないエネルギーでできる安定性の高いかたちです。六角形の構造は「ハニカム構造」と呼ばれ、蜂の巣や亀の甲羅などにも見られます。

このような柱状節理は国内各地にあり、玄武岩の他にも安山岩溶岩や、高温状態で降り積もった火砕流堆積物でも知られています（211ページ）。

玄武洞の玄武岩は人々の暮らしにも役立ってきました。かたちが揃い、節理面に沿って切り出しやすく、かつては周円山川に面して船で運びやすいことから、周辺の家屋の基礎や漬物石などに使われていたのです。

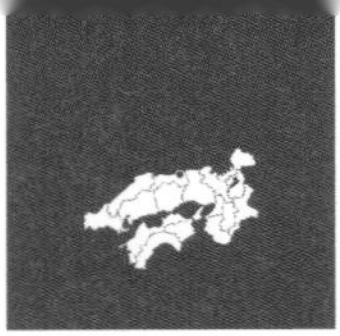

15万年前～
第四紀
（新生代）

新砂丘の下に眠る火山灰と古砂丘

海風と縄文海進が作った鳥取砂丘

温暖で湿潤な地域に「鳥取砂丘」があるのはなぜでしょう。
謎解きのカギは地下に埋もれた地層にありました。
15万年前から始まる砂丘形成史には、人間も関係しています。

日本海からの風によって作られる鳥取砂丘の砂紋（提供：鳥取市）

茶色の砂が目の前いっぱいに広がる景色は、まるで異国の砂漠のようです。しかし、鳥取砂丘は砂漠ではありません。砂漠は、極端に降水量が少なく乾燥した地域にできる砂や岩石だらけの土地のことですが、鳥取砂丘の年間降水量は２０００ミリメートルと豊かです。

そもそも砂丘とは、風によって運ばれた砂が高く積もった「地形」を意味します。一方、砂漠は、「気候帯」を示す言葉ですから、実際には砂漠にできた砂丘もあるのです。

砂丘は、海の砂が潮流によって海岸に流れ寄せられ、海岸線に堆積した砂が、内陸に向かう卓越風《たくえつふう》によって吹き寄せられて作られます。大量の砂の源は、鳥取平野の背後に延びる中国山地。中国山地には広く花崗岩質の岩石が分布しますが、その岩石が風化してボロボロと崩れやすい岩石となりました。

それが千代川《せんだいがわ》によって削られて運ばれ、鳥取平野を埋めながら日本海に到達したのです。鳥取平野だけでなく、中国山地を背後に持つ日本海沿岸の他の平野にも同様に砂丘が存在します。

地層を見れば砂丘の成り立ちがわかる

鳥取砂丘の特徴の1つは、上下2層に分かれていることです。層を分けているのは5万年前〜2万年前（更新世末）に大山《だいせん》火山から降った火山灰で、この境界の前後で

1 鳥取砂丘の地下構造

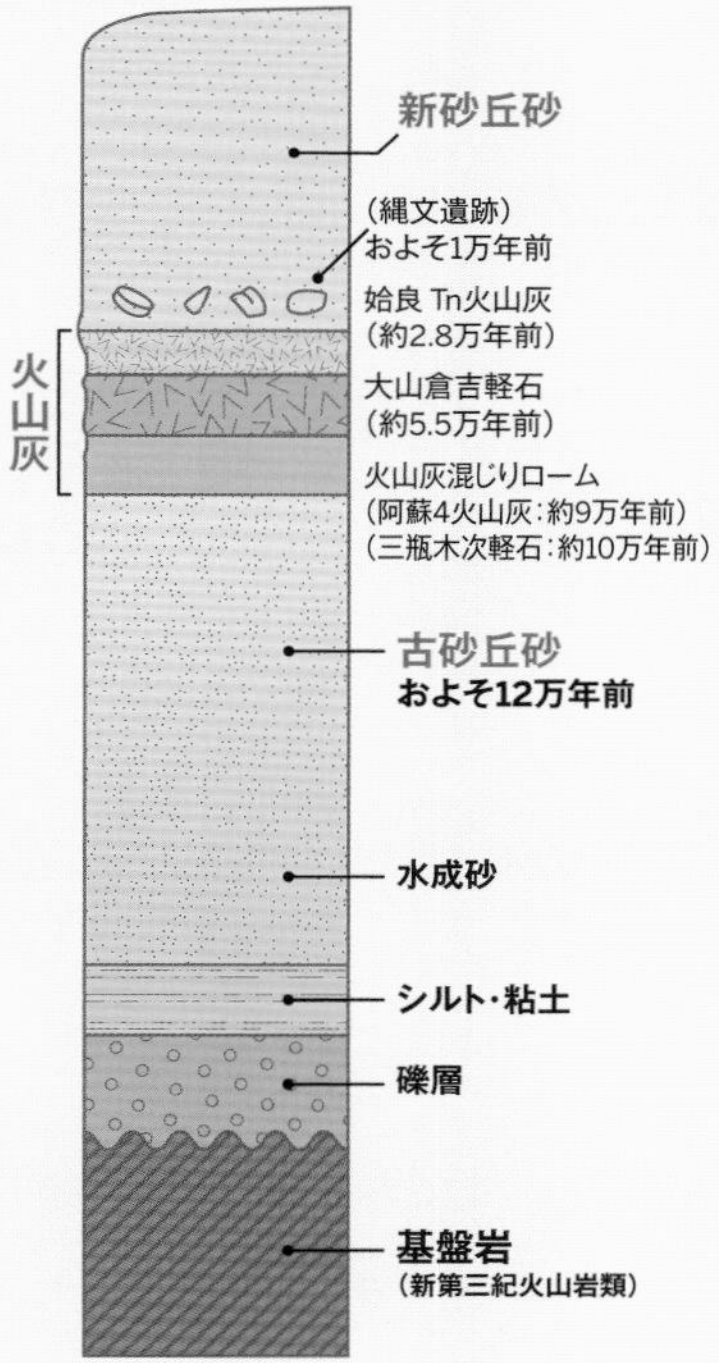

火山灰層の下に古い時代に堆積した「古砂丘」があり、火山灰層の上に縄文海進以降の「新砂丘」の地層がある（出典：鳥取市観光・ジオパーク推進課の図をもとに作成）

環境が違っていたことがわかります。

火山灰層より上層を「新砂丘」、下層を「古砂丘」と呼び、古砂丘の下部には砂丘の砂だけでなく泥と砂の互層も見つかっています（図1）。砂丘は陸地で作られる地形ですが、この2層構造は鳥取砂丘がどのように作られたのかを詳しく示してくれています。

鳥取砂丘の形成過程を、2層構造からもう少し詳しく見てみましょう。

砂丘の形成が始まったのはいまから15万年前～14万年前。温暖だった当時、海面はいまよりも高く、鳥取平野は湾に囲まれた海の中でした。千代川によって砂が運ばれ、湾内に堆積していきました。古砂丘下部にある泥と砂の互層は、この時に作られたものです。

後期更新世になると海面は低くなり、湾内は陸地となりました。そこから約10万年の間、吹き寄せる風によって集められた砂が古砂丘を作り、その上を大山からの火山灰が覆ったのです。

いまから約1万5000年前、縄文時代になると再び温暖化して海面は上昇し（縄《じょう》文海進《もんかいしん》)、鳥取平野は再び海になりました。その後、寒冷化に伴って海面が低くなり陸地が広がると、新砂丘が古砂丘の上に発達し、現在のような姿になったのです。

たたら製鉄の隆盛により砂丘拡大

砂丘の形成には人間も影響を及ぼしてきました。花崗岩には磁鉄鉱が含まれるため、取り出された砂鉄は近代以降、たたら製鉄などに利用されました。砂鉄を取り出すため中国山地の花崗岩を切り出し、残骸の土砂が大量に捨てられたために砂丘が拡大しました。

また、海からの強い風による飛砂害《ひさがい》から住民の生活を守るため、昭和20年代には防風林が植林され、砂丘の縮小が起きた時期もありました。現在は砂丘の観光資源としての価値が見直され、地元住民は鳥取砂丘との共存を図っています。

鳥取砂丘は、日本海を含めた周囲の自然環境が生み出す作用と、私たち人間の活動によって姿かたちを変えてきたのです。

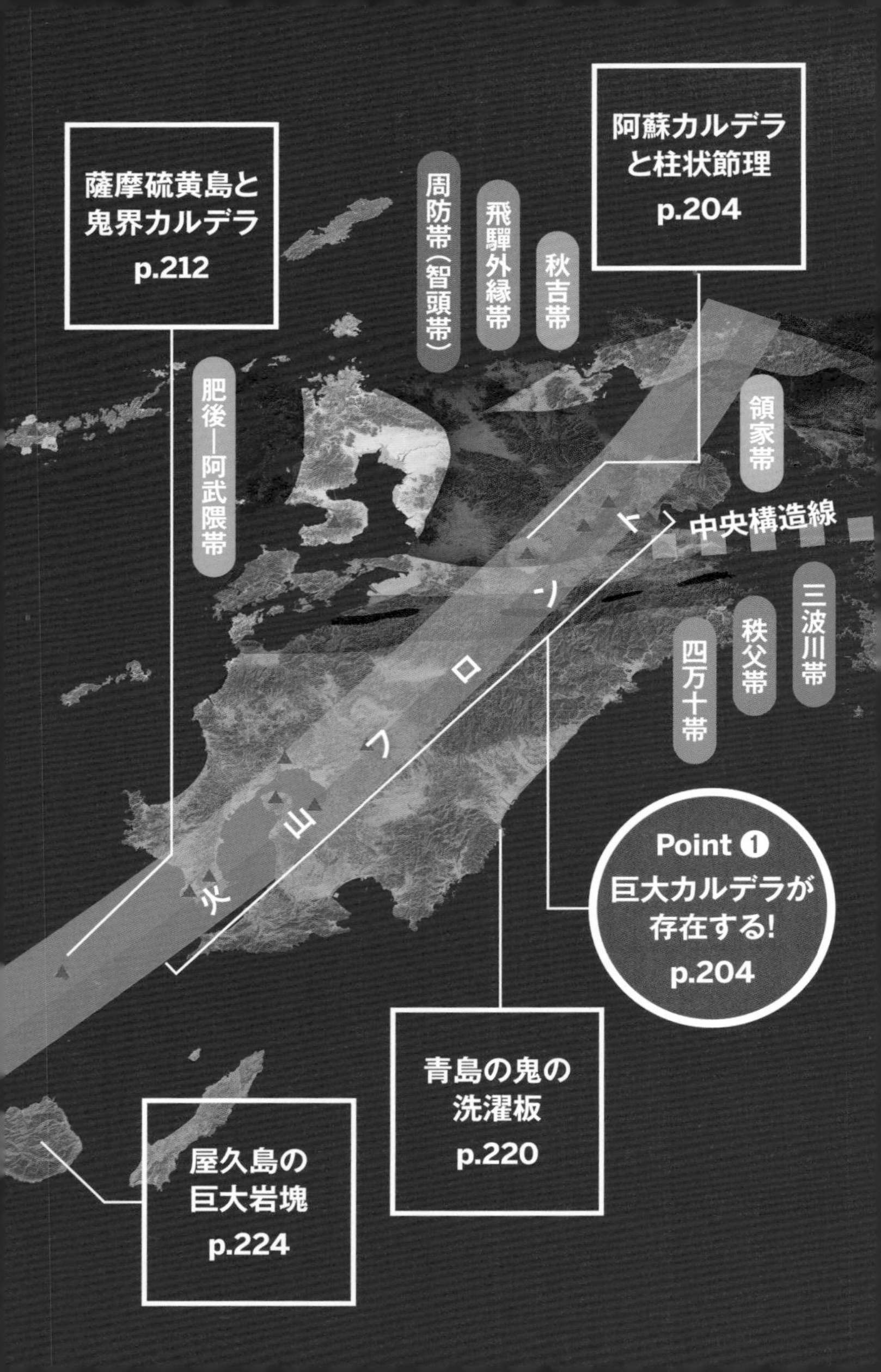

薩摩硫黄島と
鬼界カルデラ
p.212
周防帯（智頭帯）
飛騨外縁帯
秋吉帯
阿蘇カルデラ
と柱状節理
p.204
肥後—阿武隈帯
領家帯
中央構造線
三波川帯
秩父帯
四万十帯
火山フロント
Point ❶
巨大カルデラが
存在する!
p.204
青島の鬼の
洗濯板
p.220
屋久島の
巨大岩塊
p.224

05 九州・沖縄

巨大カルデラ起源の火の国

日本全土を覆う火山灰を噴出した
巨大カルデラは、すべて九州地方にあります。
地体構造は、西南日本弧から琉球弧へ、
折れ曲がりながら続いています。

基盤構造を覆う巨大カルデラ起源の火山灰

九州地方は、基本的には西南日本の地体構造が延長したかたちですが、謎なのは三《さん》波《ば》川《がわ》変成岩の存在です。

関東から四国に連なる三波川帯は、長崎の大村湾の西側、西彼杵《にしその ぎ》半島にも張り出していることがわかっています。しかし、中央構造線が九州のどこにあるのかは不明。見つからない原因は、きれいな地体構造が見られる西南日本に比べ、九州には新しい時代の火山が多いために大量の火山灰が地表を覆い、より深い地下にある基盤が見えないからです。

約9万年前に発生した阿蘇のカルデラの噴火では、九州全土を覆うような火砕流が発生しました。日本全土、北海道まで覆い尽くす火山灰は、すべて九州の巨大カルデラ、つまり姶良《あいら》カルデラ、鬼界《きかい》カルデラ、阿蘇カルデラから噴出したものです。こうした火山は、九州地方の特徴であり、まさに「火の国」とも言えます。

琉球石灰岩の下には西南日本から連なる基盤

地体構造は折れ曲がりながら、西南日本弧から琉球弧へと延びています。沖縄本島には、関東から四国、九州に広く分布している四万十帯だけではなく、ジュラ紀の付加体である秩父帯も存在します。つまり、西南日本、九州から沖縄まで、基盤となる岩体は続いているのです。

ほかにも、山口県から福岡県にかけて分布する、周防《すおう》帯の変成岩と同じ中生代の高圧変成岩が、石垣島と西表《いりおもて》島で確認されています。

沖縄地方では、こうした基盤の上に、島尻《しまじり》層群という大陸起源の泥岩層が堆積し、さらにその上にサンゴ礁が発達して琉球石灰岩となりました。

沖縄では現在進行形に近いサンゴ礁が見られるのが大きな特徴です。沖縄でサンゴ礁が発達して琉球石灰岩ができるまでの変遷は、プレート運動の影響が大きいのです。つまり、沖縄の東側にある琉球海溝に沈み込むフィリピン海プレートにより、島尻層群の隆起と侵食、沖縄トラフが形成されたのが要因です。

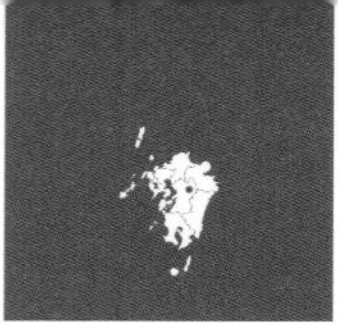

30万年前～
第四紀
（新生代）

想像を絶する噴火が生んだ地形

9万年前の大噴火で完成した阿蘇カルデラ

15万年前から、九州では大規模な噴火が起こっていました。巨大な阿蘇カルデラはどのようにできたのか、カルデラと大規模噴火をおさらいしながら見ていきましょう。

北側から世界有数の規模のカルデラを実感する「大観峰カルデラジオサイト」（©TAKESHI FUKAZAWA/SEBUN PHOTO /amanaimages）

九州中央部に位置する阿蘇カルデラは、南北25キロメートル、東西18キロメートルのいびつな楕円形で、その中央にはポコポコといくつもの小さな火山（中央火口丘《きゅう》）がそびえています（図1）。その火山の外側、ドーナツ型のカルデラのくぼ地には国道や鉄道が走り、1市3町3村に約5万人が暮らしています。ここはカルデラの中に人が住む珍しい場所です。

カルデラは噴火でできるくぼ地

カルデラは、非常に大規模な噴火によってできるくぼ地のこと（図2）。噴火によって火山のマグマがほとんど放出されると、地下のマグマ溜まりに空洞ができ、マグマ溜まりの天井の岩盤が崩落してくぼ地となります。火山の頂上によく見られる、くぼんだ火口（中には火口に水が溜まり「お釜」などと呼ばれる）も同様のメカニズムで作られますが、直径が2キロメートル以上のものをカルデラと呼んでいます。

日本列島で、過去15万年間に直径10キロメートル以上のカルデラ形成を伴う大規模噴火をした火山は、北海道の摩周、屈斜路《くっしゃろ》、支笏《しこつ》、洞爺《とうや》、青森・秋田の十和田、九州

1 阿蘇火山の地質鳥瞰図

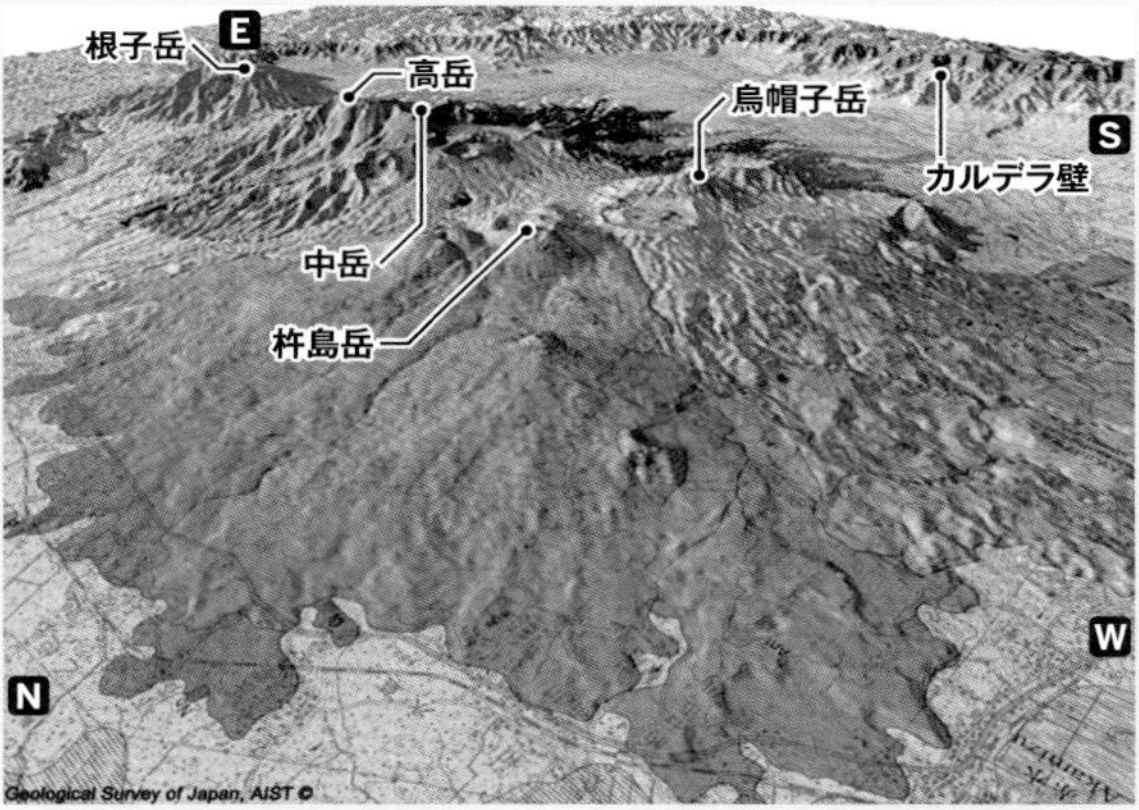

北側から見た阿蘇カルデラ。中央あたりの火山群から溶岩が流れ出し、高いカルデラ崖に囲まれている様子がわかる（出典：産総研地質調査総合センターのウェブサイト　https://gbank.gsj.jp/volcano/Act_Vol/aso/map/volcmap0004.html　原図をトリミングして地名を追記）

の阿蘇、姶良《あいら》、阿多《あた》、鬼界《きかい》の9ヶ所で、そのうちの半分近くは九州に存在します。

なぜ九州で大規模噴火が集中的に起きたのかはわかっていません。これらのカルデラは、摩周湖のようにくぼみに水が溜まって湖になったり、姶良カルデラのように海になっていたりもします。

このようなカルデラが形成される噴火は、地形が大きく変わるほど激しく、大規模だったことが想像できるでしょう。

2 カルデラの構造

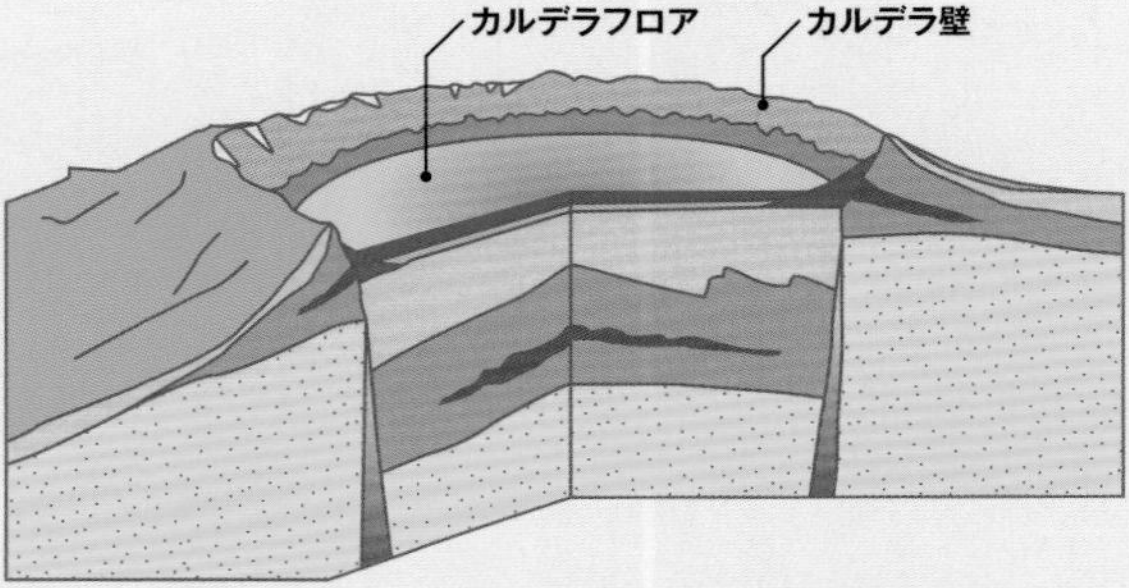

火山噴火でできた直径2km以上のくぼ地を「カルデラ」と呼ぶ。周囲をカルデラ壁が囲み、阿蘇カルデラの場合、くぼ地の中に成層火山、スコリア丘などの多様な火山群がある（出典：産総研地質調査総合センターのウェブサイト　https://gbank.gsj.jp/geowords/picture/illust/caldera.htmlをもとに作成）

9万年前の噴火は御嶽山噴火の10万倍規模

火山噴火の規模は、溶岩や噴石、火山灰などの噴出物の量で決められます。噴出物の量が少ないほうから0〜8の「火山爆発指数」で表され、5以上で非常に大規模な爆発とみなされます。

例えば、記憶に新しい2014年の御《おん》嶽山《たけさん》の水蒸気爆発は火山爆発指数2ですが、いまの阿蘇カルデラのかたちを作った9万年前の噴火は7。これは御嶽山の規模の10万倍以上に相当します。

現在、日本列島の火山活動はあちこち

で活発な印象を受けますが、日本列島の歴史の中で見れば、その噴火の規模は小さいと言えます。我々現代人が想像もできないほどの大噴火が、過去に何度も起きているのです。

阿蘇カルデラは9万年前に完成した

巨大なカルデラを形成した阿蘇山の生い立ちを見ていきましょう。阿蘇山の活動開始は30万年前まで遡ります。そこから、27万年前、14万年前、12万年前、9万年前の4回の大噴火を起こしたことがわかっています。1回目の噴火でカルデラが作られ、その後繰り返される大噴火によってそのかたちを変えながら、9万年前に現在のカルデラが完成したと考えられています。

4回の大噴火のうち9万年前の噴火が最大規模で、その噴出物の量は600立方キロメートル。これは東京ドームの容量の48万倍に相当します。この時、発生した火砕流は九州全土に広がり、一部は海を越えて100キロメートル以上離れた山口県の秋吉台にまで到達しました。また、そのとき噴出した火山灰は北海道まで達しました。

高さ80mのスコリア丘の「米塚」は、約3000年前にカルデラ内で噴火した火山（©GYRO PHOTOGRAPHY/a.collectionRF /amanaimages）

火砕流とは、火山灰や軽石が火山ガスとともに斜面を流れ下る現象のこと。この時に噴出した火山灰ははるか北海道まで到達し、15センチメートルも積もったことがわかっています。

カルデラの中央にある中央火口丘は、9万年前の大噴火の直後に再び火山活動が始まって作られたものです。そのうち中岳《なかだけ》はいまも噴気をあげ、活動しています。また、カルデラの中にはかつて少なくとも2度、湖があったと考えられており、湖底で地層が作られて、現在のように人が住みやすい平坦地になりました。

阿蘇カルデラの南東約25kmに位置する高千穂峡には、阿蘇火山起源の溶結凝灰岩の柱状節理が発達している

火砕流由来の柱状節理

12万年前と9万年前の噴火で生じた火砕流は、25キロメートル離れた宮崎県高《たか》千《ち》穂《ほ》峡《きょう》に届き、柱状節理《ちゅうじょうせつり》を形成しました。

柱状節理は高温の溶岩が冷え固まる時に縮んでできる、蜂の巣のようなかたちをした割れ目ですが、高千穂の柱状節理は溶岩ではなく火砕流の火山灰や軽石から成ります。600~1000℃の高温の軽石や火山灰が堆積して部分的に溶けた後、再び冷え固まって作られたものです。このようにできた岩石を「溶結凝《ようけつぎょう》灰岩《かいがん》」と呼びます。

7300年前〜

第四紀
（新生代）

鬼界カルデラの外輪山にできた

破局的噴火ゆかりの薩摩硫黄島

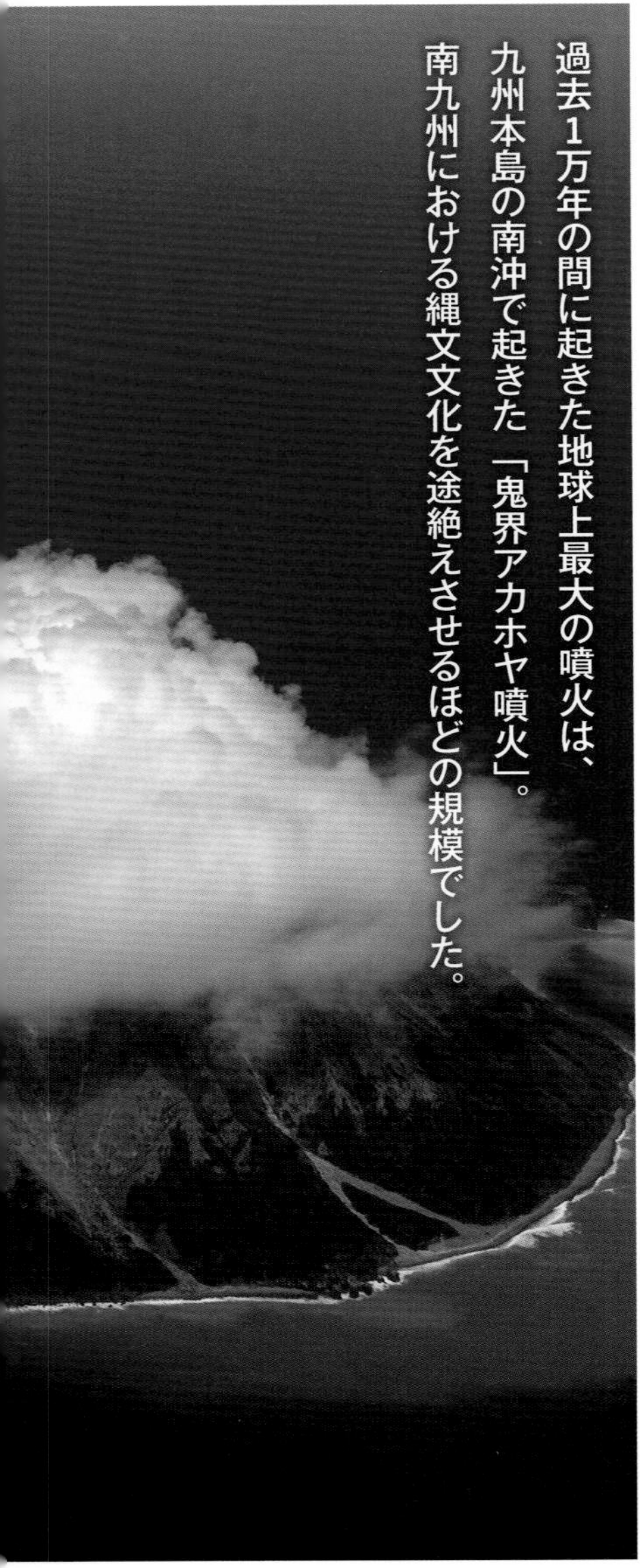

過去1万年の間に起きた地球上最大の噴火は、九州本島の南沖で起きた「鬼界アカホヤ噴火」。南九州における縄文文化を途絶えさせるほどの規模でした。

2014年8月6日に撮影された薩摩硫黄島の南東側（出典：海上保安庁ホームページ　http://www1.kaiho.mlit.go.jp/GIJUTSUKOKUSAI/kaiikiDB/kaiyo30-2.htm）

1 九州の火山フロントと琉球海溝

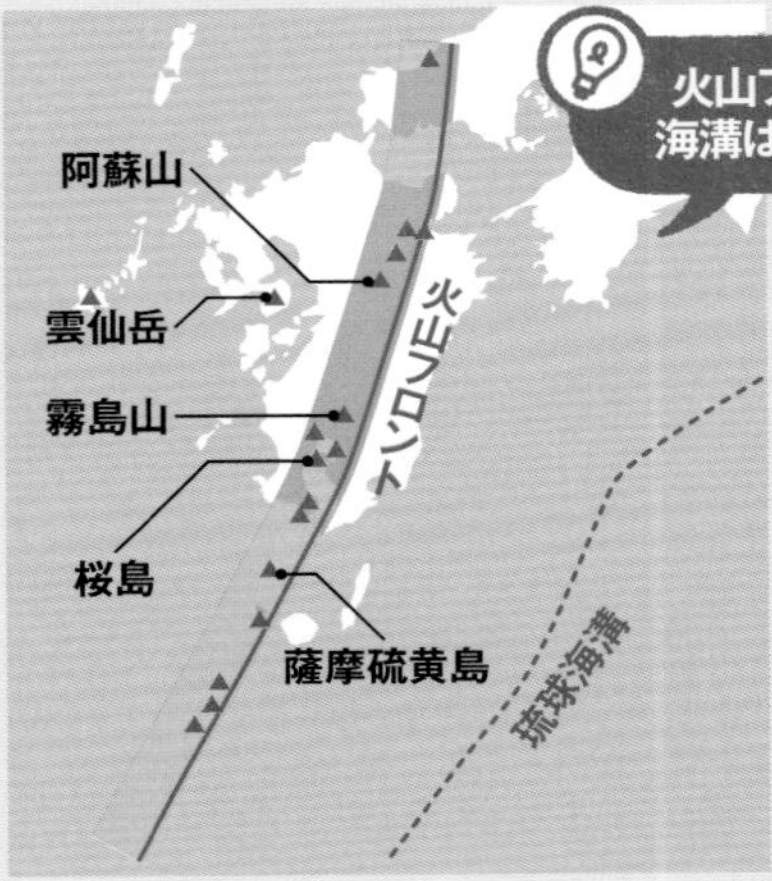
火山フロントと
海溝はほぼ並行!

九州の火山フロントはフィリピン海プレートが沈み込む琉球海溝とほぼ並行に走る。火山フロントと海溝の距離は、東北日本より南西日本のほうが離れているが、九州南部で近くなる

鬼界カルデラは、九州本土の南端から南に30キロメートル、深さ400メートルの海底に沈む、巨大カルデラです（図1）。そのカルデラの縁の部分にできた火山、竹島と薩摩硫黄島《さつまいおうじま》と昭和硫黄島が海から顔を出しています（図2）。

カルデラの縁にある薩摩硫黄島

鹿児島港から出航するフェリーに乗って3時間半ほど南下すると、目の前に円錐形をした薩摩硫黄島を間近に見ることができます。山頂や中腹から噴煙を上げており、その山肌に硫黄の結晶が黄色く見えます。島の周りの海面に目をやると、

薩摩硫黄島の硫黄岳噴気地帯。ドーム状や煙突状の硫黄の塊を見ることもできる（提供：三島村）

黄緑色や黄色に変色していることに気づくでしょう。これは島の周囲から湧き出す温泉の色です。

薩摩硫黄島は、鎌倉時代に書かれた『平家物語』の中で、平氏打倒を企てた高僧俊寛《しゅんかん》が島流しにされた島でもあります。『平家物語』の中では「その島の中には高き山があり、火が燃え続けている。島中に硫黄が満ちている」という旨の記述があり、700年以上前も同じ姿だったのでしょう。

薩摩硫黄島では畜産が盛んで、ここで育てられる三島牛が主に食べているのは、島に自生するリュウキュウチクやチガヤ

2 薩摩硫黄島周辺の海底地形図

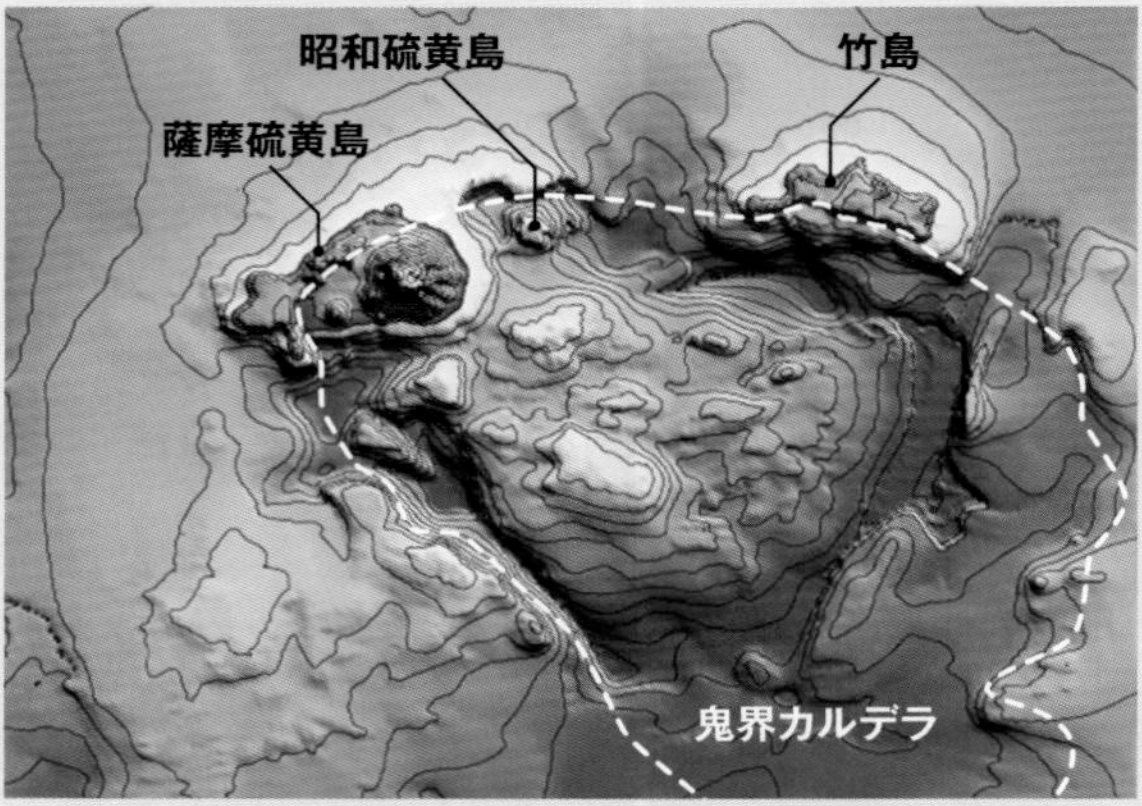

海に沈んでいる鬼界カルデラの縁の部分にできた火山、薩摩硫黄島と竹島が海から顔を出している。鬼界カルデラの大きさは、東西20km、南北17kmに及ぶ（出典：海上保安庁ホームページ http://www1.kaiho.mlit.go.jp/GIJUTSUKOKUSAI/kaiikiDB/image/satuiosc.jpg　原図に地名を追記）

などの植物です。かつては外来の植物を作付けして飼料にしていたこともありましたが、火山ガスや塩害に耐えられないため、過酷な環境に適応して進化してきた在来種の植物に切り替えたのでした。

6000年前（縄文時代後期）、フィリピン海プレートが沈み込むことでできる火山フロントに誕生した薩摩硫黄島では、産業も火山に寄り添い、独特のかたちで発展してきました。

薩摩硫黄島の大浦港の崖の地層は、鬼界アカホヤ噴火の際に堆積したもの（提供：三島村）

「破局的噴火」だった鬼界アカホヤ噴火

薩摩硫黄島の下に沈む火山は13万年前、9万年前に大規模噴火を起こした後、いまから7300年前（縄文時代前半）に大噴火を起こし、鬼界カルデラを作りました。この噴火は「鬼界アカホヤ噴火」と呼ばれ、完新世（1万年前以降）に地球で起きた最大の噴火でした。鬼界アカホヤ噴火での噴出物の量は150立方キロメートルで、火山爆発指数は7。この時発生した火砕流は、鍋から吹きあふれるように四方に広がって海を渡り、種子

3 鬼界アカホヤ噴火の火砕流と火山灰の分布

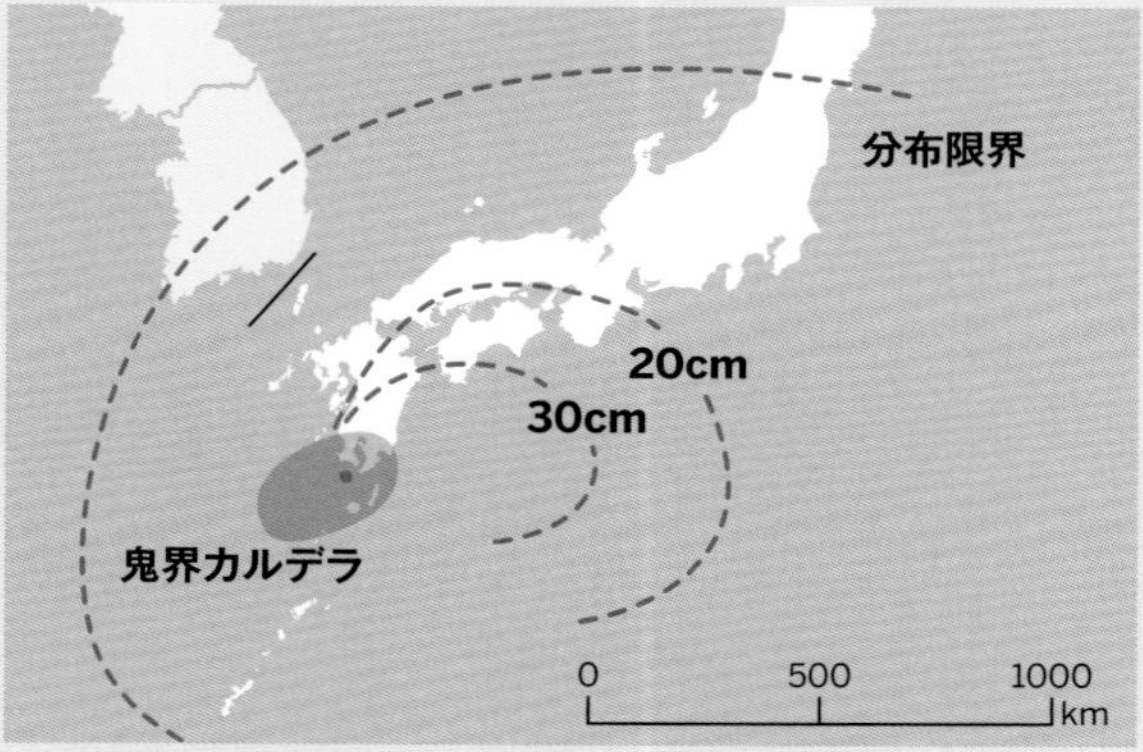

鬼界アカホヤ噴火の際の火砕流の広がり（赤色）と火山灰の分布。数値は堆積した火山灰層の厚さ（出典：町田洋・新井房夫, 2003）

島、屋久島、薩摩・大隅《おおすみ》半島を覆ったのです。

数百℃もある高温の火砕流は自動車並みのスピードで迫ってきます。一瞬にして、人間だけでなく地上の生き物が死滅してしまったでしょう。もし同じ規模の噴火がいまの日本で起きた場合、犠牲者は１億２０００万人にのぼるという試算もあります。このような壊滅的な被害を及ぼすことから、鬼界アカホヤ噴火のような噴火を「破局的噴火」と呼ぶこともあります。

南九州各地の地層にはこの時の噴出物の層が分布しており、鹿児島市内から鹿

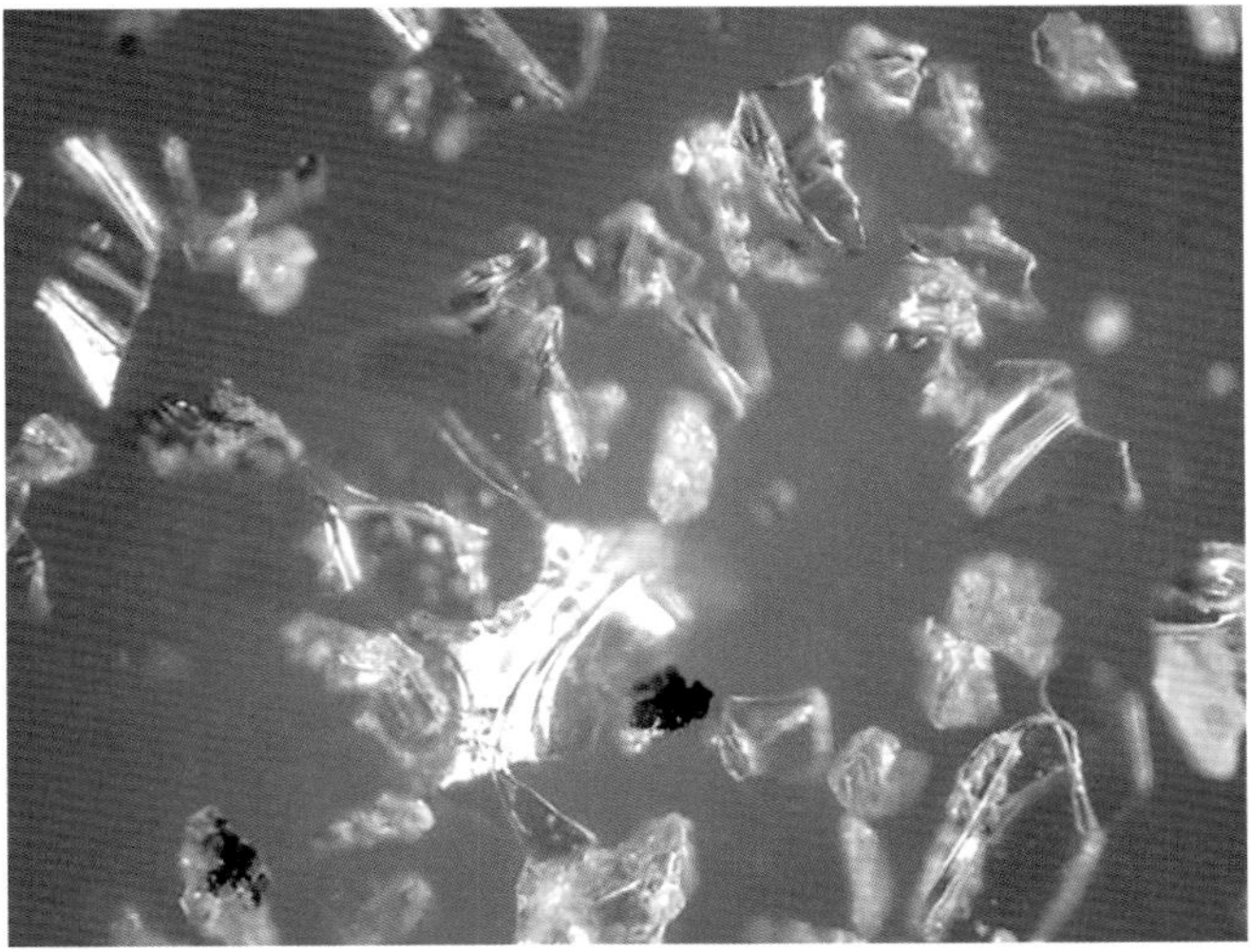

四国沖の海底から採取された、鬼界アカホヤ噴火の際に噴出した火山灰中の火山ガラス（提供：鳥井真之氏）

児島空港へ向かう高速道路からは、厚さ十数メートルもの層を見ることができます。

噴出物の中でも火山灰の層はオレンジ色をしていることから、地元では「アカホヤ」と呼ばれ、鬼界アカホヤ噴火の名称の由来にもなっています。この火山灰は、北は宮城県、南は沖縄本島まで降り積もったことがわかっており、日本各地にある地層の年代を決定するための基準になっています（図3）。

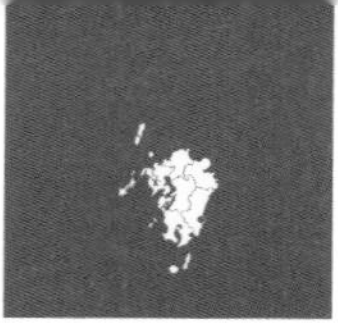

800万年前～
新第三紀
（新生代）

前弧海盆に堆積した宮崎平野

差別侵食が生んだ宮崎の鬼の洗濯板

海底で作られた地層が作った奇岩「鬼の洗濯板」は、宮崎平野や九州山地の形成と深い関わりがあります。プレートが沈み込む海底の地形に目を向けながら、その成り立ちを見ていきましょう。

宮崎県宮崎市の青島海岸の「鬼の洗濯板」。リズミカルな凸凹は砂岩泥岩互層が差別侵食された跡（提供：宮崎市観光協会）

宮崎県宮崎市の青島から巾着島《きんちゃくじま》にかけての海岸線には、凸凹した岩が何列も並んだ景色が広がっています。その様子が巨大な洗濯板に似ていることから「鬼の洗濯板」と呼ばれています。

鬼の洗濯板は、満潮時に水に沈み干潮時に現れる場所で、波に侵食されてできる地形で「波食棚《はしょくだな》」と呼ばれます。海底で堆積してできた砂岩泥岩互層が隆起して、長い時間をかけて波で削られてできたものです。なぜ凸凹するのかといえば、軟らかい泥岩層が削られる一方で硬い砂岩の層が残る「差別侵食」となるために、いくつもの列ができるのです。

プレート運動が作る〝皿〟に堆積した地層

鬼の洗濯板を、宮崎平野の形成とともに見ていきましょう。海溝で海洋プレートが沈み込む時に、海洋プレート上の堆積物は大陸プレートに取り残されて付加体が作られ、沈み込みとともにどんどん大きく盛り上がっていきます。この高まりは「前弧《ぜんこ》リッジ」と呼ばれ、それより大陸プレート側（内陸側）にはくぼ地「前弧海盆《かいぼん》」ができま

空から見た「鬼の洗濯板」と青島。周囲1.5kmほどの同島には青島神社があり、神聖な場所とされている（提供：宮崎市観光協会）

す（49ページ）。くぼ地ができるのは、沈み込む海洋プレートに大陸プレートが引っ張り込まれるためです。

お皿の断面でたとえると、右側から海洋プレートが沈み込んでいくとして、お皿の底部分が前弧海盆、右側の縁の部分が前弧リッジにあたります。

８００万年前〜５００万年前、宮崎平野がある場所が東向きに沈降して浅い海に沈んで、前弧海盆となりました。この前弧海盆に、鬼の洗濯板の材料である砂岩泥岩互層もできたのです。この時はまだ九州山地はそれほど高くなく、２００万年前〜１００万年前以降に九州山地の隆起が始まったと考えられています。

隆起と同時に、浅い海に沈んでいた前弧海盆も陸地となり、宮崎平野となりました。こうした歴史を重ね、後に差別侵食を経て「鬼の洗濯板」となったのです。

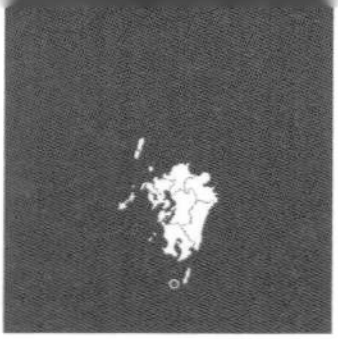

1550万年前〜
新第三紀
（新生代）

プレート運動による隆起
花崗岩マグマが上昇した屋久島

屋久島の山々の頂上にある巨大な花崗岩の塊は、島の成り立ちと独特な環境を示す島のシンボル。そのルーツは日本海拡大まで遡ります。

高盤岳（標高1711m）の頂上にある花崗岩「豆腐岩」
（©imagewerksRF/amanaimages）

屋久島は九州で最も高い山地であり、「洋上アルプス」とも呼ばれています。屋久島を横から見ると、急峻な山がすぐ海にまで迫り、島の中央部にある最高峰・宮之浦《みやのうら》岳《だけ》（標高1936メートル）に向かって標高が高くなります。まるで底が少し尖った鍋を伏せたようなかたちをしています。

屋久島の標高1500メートル以上の山々の頂上には、どのように運ばれてきたのか、なぜ転げ落ちないのか不思議に感じられるような巨大な花崗岩がよく見られます。最も有名なのは、高盤岳《こうばんだけ》（標高1711メートル）の頂上にある通称「豆腐岩」。花崗岩が、まるで巨大な寄せ豆腐を縦に6つ切りしたようなかたちをしています。

プレート運動による隆起とマグマ溜まりの上昇

なぜ屋久島の山々には、このような岩の塊がいくつもあるのでしょうか。それを知るためには、屋久島の成り立ちを振り返る必要があります。

屋久島はもともと海底にあり、隆起して島となるまでには、日本海拡大の時期を待たなければなりませんでした。

1 屋久島ができるまで

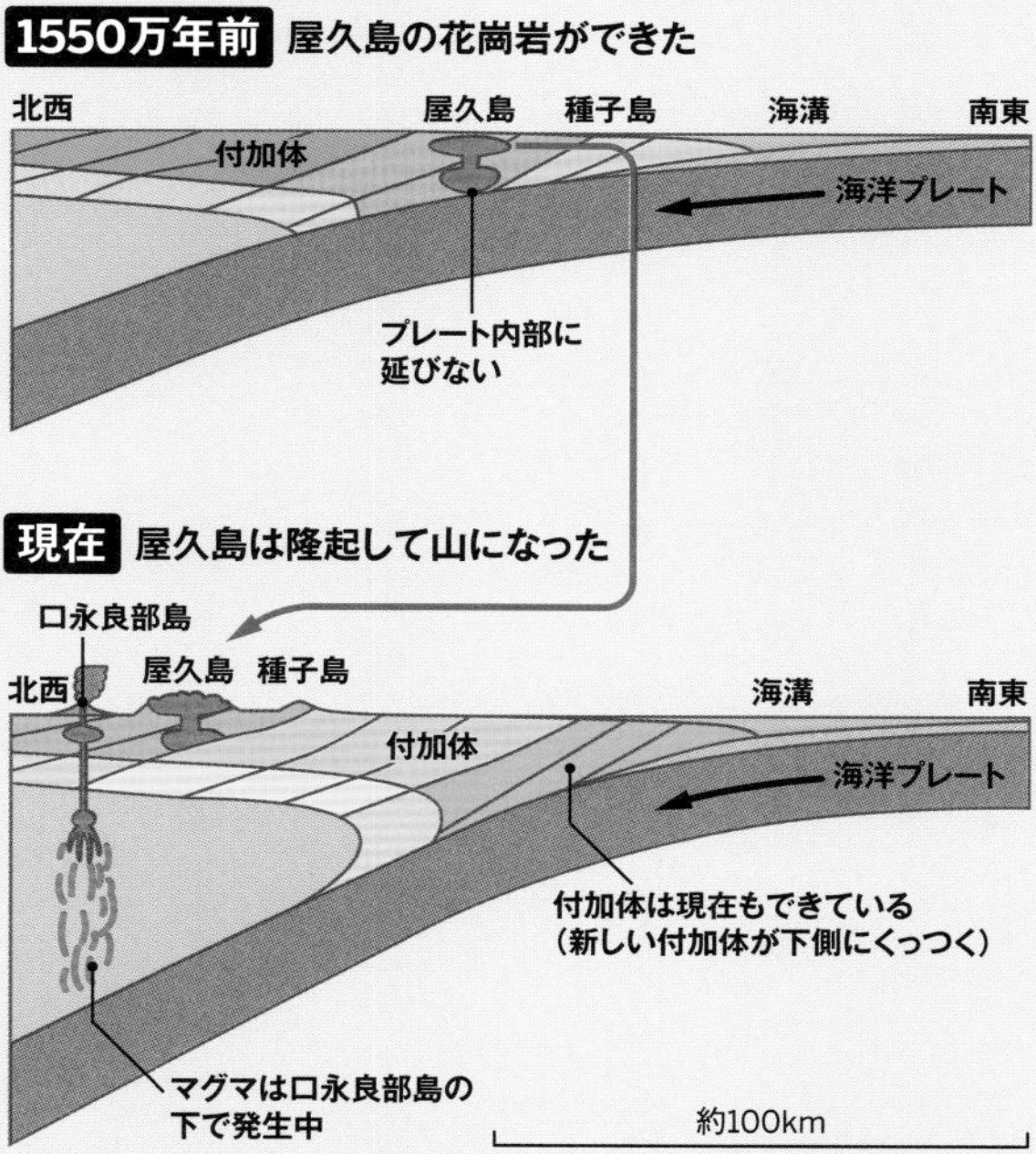

屋久島の形成史にはプレート運動と地下のマグマが大きく関わっている。枕状溶岩などを含む4000万年ほど前の付加体の中に、花崗岩のマグマが上昇したのが1550万年ほど前。その後、付加体と花崗岩はプレート運動の影響で隆起して、さらにマグマの上昇により高い山々ができた（出典：斎藤眞ほか「地質ニュース」647号，2008の図を一部改変）

１５００万年前、日本海の拡大が完了しました。現在の九州・沖縄地方を見るとフィリピン海プレート（海洋プレート）は、北西方向に進みながらユーラシアプレートの下に沈み込んでいます。こうしたプレート運動に伴い、ユーラシアプレートの南端が「隆起」して「帯」状に長い高まりとなり「外弧《がいこ》隆起《りゅうき》帯《たい》」が形成されました。外弧隆起帯をたどっていくと、紀伊山地や四国山地、九州山地、屋久島へと延びていきます。つまり紀伊山地、四国山地、九州山地はこの外弧隆起帯に位置しているからできた山地なのです。

屋久島の場合は、プレート運動による隆起に加えて、地下深くのマグマ溜まりが１５５０万年かけて高い山々を作るほど上昇したと考えられています（図１）。

山頂にポツンとある豆腐岩ができた理由

屋久島の急峻な山は、年間降水量５０００ミリメートル（全国平均の約3倍）という多雨により表層はつねに洗い流され、侵食されるため土壌がほとんど積もりません。そのため、島の土台となっている花崗岩がつねに露わになり、風雨によって削られて

海溝近くに堆積した付加体である砂岩泥岩互層の「トローキの滝」。海に直接流れ出る滝は、全国でも珍しい（提供：屋久島観光協会）

角が取れたり割れたりして豆腐岩のような巨岩が完成するのです。

鬼界アカホヤ噴火と縄文杉

７３００年前の鬼界アカホヤ噴火の火砕流は、わずか30キロメートルほどしか離れていない屋久島も覆いました。この時、島の動植物は跡形もなくなってしまったと考えられますが、縄文杉はその約１００年後に生まれ、現在では地球で最も長寿の生物と言われています。屋久島は、針葉樹の杉が生える南限です。杉の平均樹齢が３００年ほどと言われる中、屋久島では縄文杉の他にも数千年の樹齢の杉が多く自生しています。

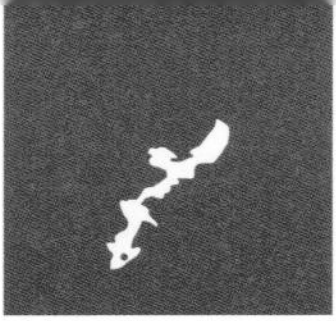

140万年前〜
第四紀
（新生代）

プレートの〝シワ〟に堆積した「琉球石灰岩」

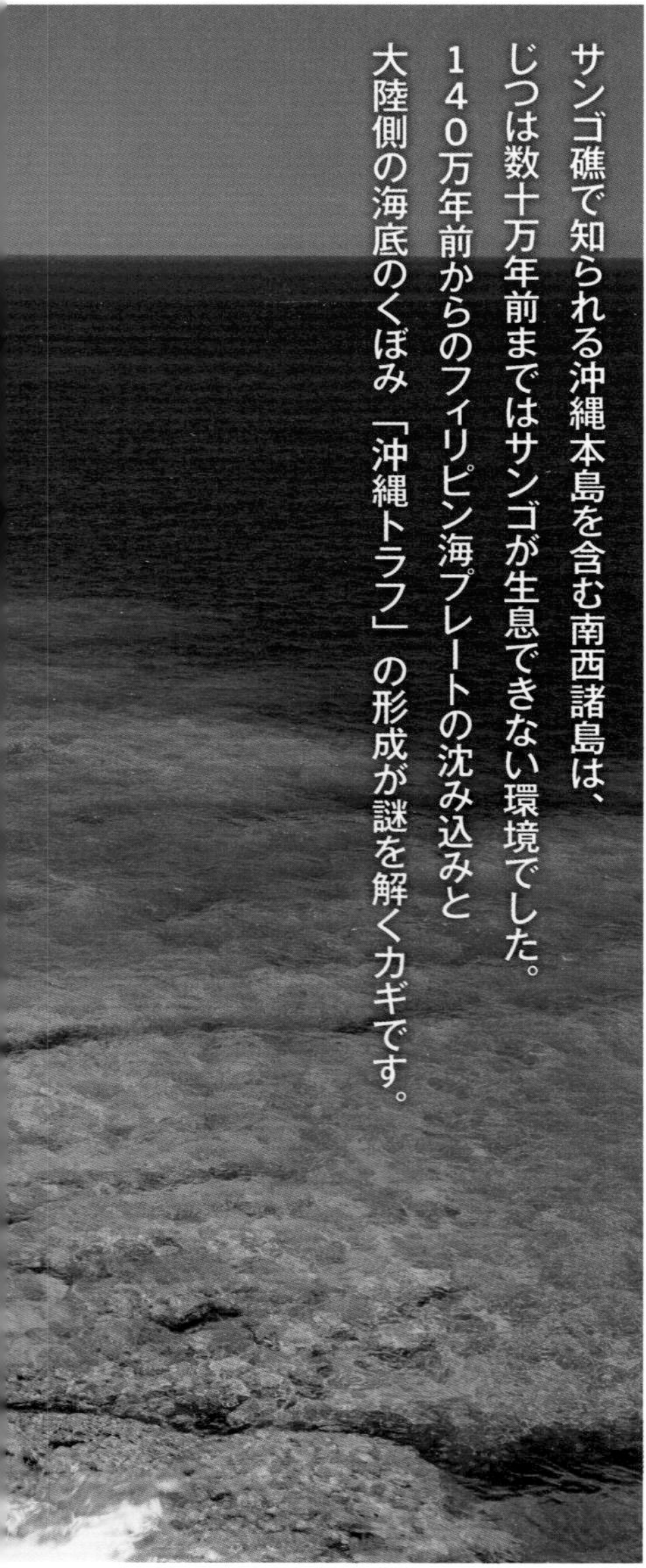

サンゴ礁で知られる沖縄本島を含む南西諸島は、じつは数十万年前まではサンゴが生息できない環境でした。１４０万年前からのフィリピン海プレートの沈み込みと大陸側の海底のくぼみ「沖縄トラフ」の形成が謎を解くカギです。

沖縄本島中部にある「万座毛」は、東シナ海を臨む琉球石灰岩層の迫力ある断崖が観光地として人気だ（©KATSUHIRO YAMANASHI/SEBUN PHOTO /amanaimages）

沖縄諸島を訪れると、民家の石垣や石畳などに白っぽいゴツゴツした石が使われているのに気付くでしょう。この石は、140万年前〜数万年前のサンゴ礁からできた「琉球石灰岩」です。

サンゴは炭酸カルシウムで硬い骨格を作る動物ですが、その遺骸をはじめ、サンゴ礁域に生息する石灰質の微生物（238ページの写真）も一緒に集まって固まり石灰岩が作られます。

石灰岩の中でも琉球石灰岩は、日本では最も新しい石灰岩で、沖縄諸島と奄美群島に分布し、人々の暮らしにも深く関わってきました。

例えば、隙間の多い琉球石灰岩を積み上げて作った民家の石垣は、風速30キロメートルを超えるような強い台風に襲われても、隙間から風を逃すため崩れにくいのです。

沖縄の島々はプレートの〝シワ〟

沖縄諸島などの南西諸島はユーラシアプレート上で、北東―南西方向に延びるカーブライン上に連なっています。このラインと平行して東側にある琉球海溝でフィリピ

1 琉球石灰岩ができるまで

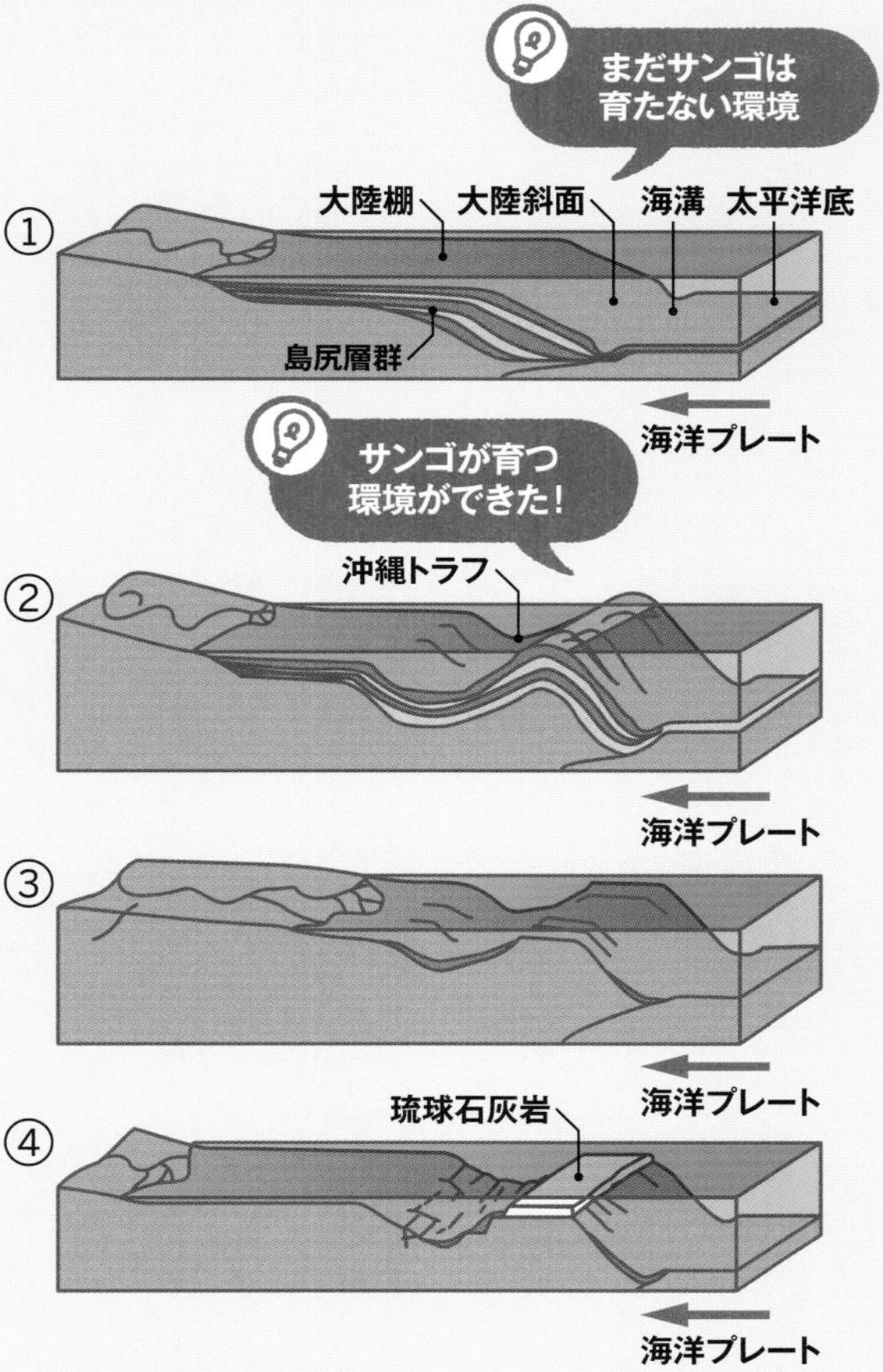

①大陸起源の島尻層群が堆積する。②島尻層群の島弧における隆起と沖縄トラフ部が沈降する。③島弧が平らに削られ、海面も低下した。④海面上昇に伴い琉球石灰岩が堆積した（出典：氏家宏, 1988を一部改変）

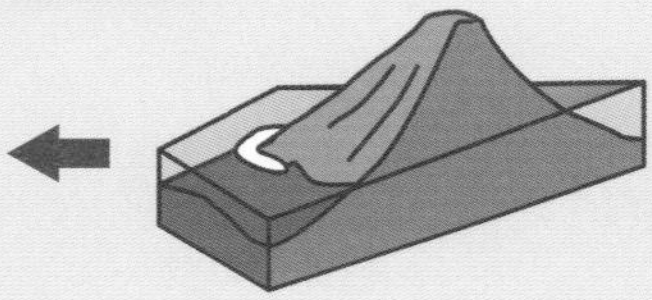

島の周りに発達する「裾礁」は沖縄で見られるタイプ。島が沈降してラグーン（礁湖）ができる「堡礁」。さらに島が沈降すると「環礁」となる（出典：氏家宏, 1976）

ン海プレートが北西方向に沈み込んでいます。ライン上にある南西諸島は、ユーラシアプレートの縁部分（プレート境界付近）が、沈み込むフィリピン海プレートに引きずられて、シワのように盛り上がってできたものです（図1）。この盛り上がった部分を「琉球外弧隆起帯」と呼びます。

南西諸島に石灰岩が多く分布する理由は、現在も島々の周辺にサンゴが生息している様子から容易に想像できます（図2）。南西諸島には数十万年前からサンゴが棲みやすい環境が広がっており、古くからサンゴ礁を作り石灰岩を供給し続けてきたのです。

しかし、言いかえれば、数十万年前以前はサンゴ礁が作られにくい環境だったということでもあります。この地域に、どのようにサンゴ礁が作られるようになったのでしょう。

2 サンゴ礁の三形態

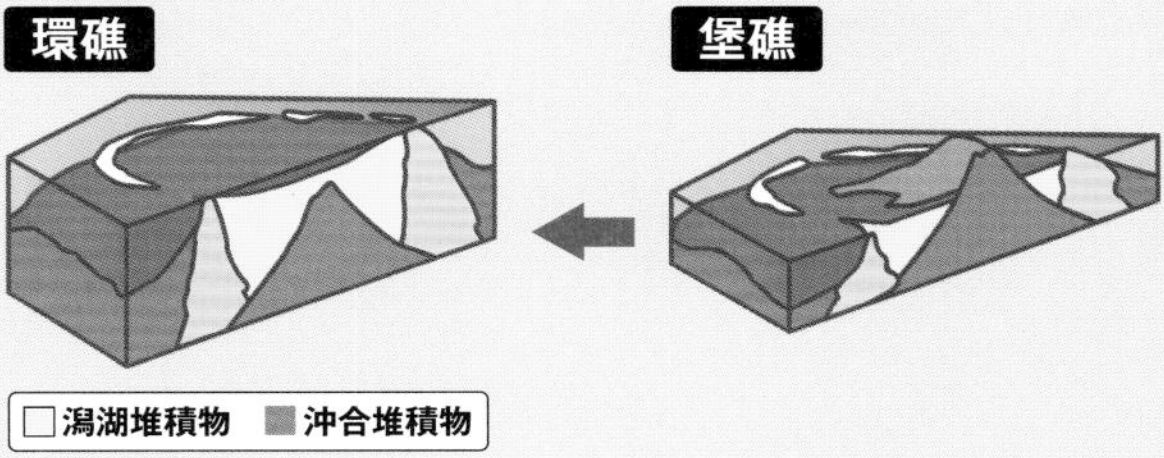

海底地形の変化がサンゴ礁形成の環境を整えた

サンゴは、日光をたくさん浴びることができる、浅くて透明で温暖な海に生息する動物です（サンゴと共生する褐《かっ》虫藻《ちゅうそう》という藻類が光合成をして栄養を作るため）。

南西諸島の地層を見てみると、一般的に700万年前～170万年前に中国大陸から流れてきて堆積した厚い「島《しま》尻層群《じりそうぐん》」の上に、140万年前～数万年前に堆積してできた琉球石灰岩層が乗っています。

中国大陸から流れ出た泥が海中に漂っていた頃は、十分な日光が届かずサンゴ礁は形成されませんでした（図1-①）。しかし200万年前、中国大陸と南西諸島のラインとの間に深さ2300メートルの裂け目「沖縄トラフ」が誕生すると、大陸からの泥が沖縄トラフに沈むため南西諸島

浦添市経塚の島尻層群（灰色）の露頭。島尻層群は700万年前〜170万年前に、ユーラシア大陸の大陸棚に大陸起源の砂や泥が堆積した後、隆起したものと考えられている。その上位に琉球層群（茶色）がある（提供：仲里健氏）

周辺の海は透明で明るくなり、サンゴ礁が形成される環境が整いました（図1－②）。

その後、島尻層群の島弧部が平らに削られ、海面も低下してサンゴ礁が発達するようになりました（図1－③）。サンゴ礁が海面下で生息できる時代が続くことで、琉球石灰岩の地層が発達することになったのです（図1－④）。

沖縄の鍾乳石が速く成長する理由

石灰岩が酸性の雨水に侵食されて作られるカルスト地形は、南西諸島各地で見られます。

沖縄本島南部の南城市にある「玉泉洞《ぎょくせんどう》」は30万年前にできた石灰洞窟。100万本以上ある鍾乳石の数は国内最多で、その成長スピ

琉球石灰岩が溶けて作られた石灰洞窟「玉泉洞」の内部。天井からつららのように伸びる「つらら石」、地面から伸びる「石筍」、両者がくっついてできる「石柱」が見られる（提供：おきなわワールド）

ードは3年に1ミリメートル（国内では一般的には数十年で1ミリメートル）。その速さの理由の1つは、亜熱帯気候に特有の豊かな降水量です。

もう1つの理由は、温暖な気候によって土中の微生物の活動が活発になるため、呼吸によってより多くの二酸化炭素を排出します。雨水はその二酸化炭素を溶かし込んで弱酸性となり、石灰岩を速いスピードで溶かしていくというわけです。

石灰質の土地で暮らす人たちの知恵

沖縄県では、お風呂のシャワーが数ヶ月に1回ほど詰まることがあるそうです。これは、

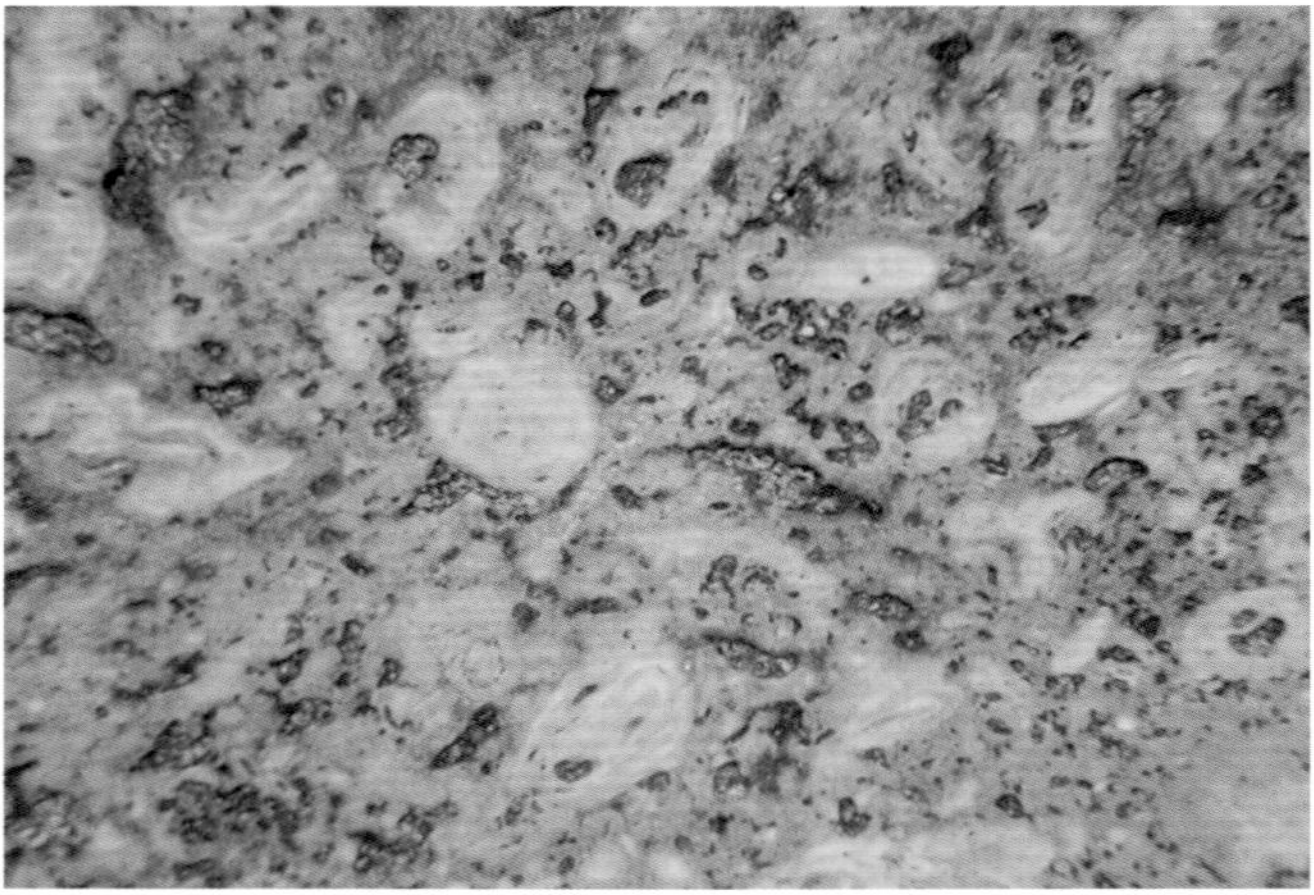

琉球石灰岩の中に産出する、石灰分を沈着する「石灰藻」からなる石灰藻球化石（提供：仲里健氏）

沖縄の水道水に多く含まれる炭酸カルシウムが結晶化して、小さなシャワーの穴を埋めてしまうためです。石灰岩に覆われた島では、水道水にもその成分が多く溶け込んでしまうと考えられます。

対策としては、シャワーヘッドを酢に漬けておくことで穴の詰まりを解消します。これは、カルスト地形が形成される過程と同じく、弱酸性の酢によって炭酸カルシウムが溶解するためです。島ならではの知恵は、琉球石灰岩とともに暮らしてきた人々の経験から育まれたものだと言えるでしょう。

参考文献

P.34-35 図2：伊藤谷生 2000「日高衝突帯-前縁褶曲・衝上断層帯の地殻構造」石油技術協会誌、第65巻、第1号
P.66 図2：永広昌之 2017「先新第三紀の構造発達史」、日本地質学会編『日本地方地質誌2「東北地方」』朝倉書店、P.105−119
P.136-137 コラム：堤 之恭 2014『絵でわかる日本列島の誕生』講談社

参考図書

青木正博・目代邦康 2017『増補改訂版 地層の見方がわかる フィールド図鑑』誠文堂新光社
氏家 宏 1986『琉球弧の海底』新星図書出版
NHKスペシャル「列島誕生 ジオ・ジャパン」制作班監修 2017『激動の日本列島 誕生の物語』宝島社
太田陽子ほか 2010『日本列島の地形学』東京大学出版会
貝塚爽平ほか（編）2000『日本の地形 4 関東・伊豆小笠原』東京大学出版会
町田 洋ほか（編）2001『日本の地形 7 九州・南西諸島』東京大学出版会
小疇 尚ほか（編）2003『日本の地形 2 北海道』東京大学出版会
小池 一之ほか（編）2005『日本の地形 3 東北』東京大学出版会
町田 洋ほか（編）2006『日本の地形 5 中部』東京大学出版会
高木秀雄 2017『年代で見る 日本の地質と地形』誠文堂新光社
千葉とき子・斎藤靖二 1996『かわらの小石の図鑑』東海大学出版会
西平守孝（編）1988『沖縄のサンゴ礁』沖縄県環境科学検査センター
田中宏幸ほか 2016「素粒子で地球を透視」日経サイエンス 2016年4月号
目代邦康・廣瀬 亘（編）2015『シリーズ 大地の公園 北海道・東北のジオパーク』古今書院
目代邦康・大野希一・福島大輔（編）2016『シリーズ 大地の公園 九州・沖縄のジオパーク』古今書院
山崎晴雄・久保純子 2017『日本列島100万年史』講談社

執　　筆　田端萌子、品川 亮（巻頭）、畠山泰英（各章扉）
巻頭・本文イラスト作成　マカベアキオ
本文デザイン　矢口なな、新井良子（PiDEZA Inc.）
図版作成　新井良子（PiDEZA Inc.）、みの理
写真提供　高木秀雄、アマナイメージズ
編集協力　株式会社アマナ
編　　集　畠山泰英（株式会社キウイラボ）

高木秀雄 監修
(たかぎ ひでお)
早稲田大学教育・総合科学学術院地球科学教室教授。
1955年、東京都生まれ。1978年、千葉大学理学部地学科卒業。1980年、名古屋大学大学院理学研究科修士課程修了。理学博士。専門は地質学、構造地質学。日本地質学会ジオパーク支援委員会委員などを務める。著書に『年代で見る 日本の地質と地形』(誠文堂新光社)、『三陸にジオパークを』(早稲田大学出版部)。共編著に『地球・環境・資源—地球と人類の共生をめざして』(共立出版)など多数。

※本書は2018年4月に刊行した洋泉社MOOK『日本列島5億年史』を再構成して、新しい情報を加えたものです。

宝島社新書

CG細密イラスト版
地形・地質で読み解く日本列島5億年史
(しーじーさいみついらすとばん
ちけい・ちしつでよみとく にほんれっとうごおくねんし)

2020年3月 7日　第1刷発行
2024年7月19日　第3刷発行

監　修　高木秀雄
発行人　関川 誠
発行所　株式会社宝島社
〒102-8388 東京都千代田区一番町25番地
電話：編集　03(3239)0928
　　　営業　03(3234)4621
https://tkj.jp

印刷・製本　TOPPANクロレ

ISBN 978-4-299-00332-4